REVUE SEMESTRIELLE DES PUBLICATIONS MATHÉMATIQUES

VEREENIGD MET

JAHRBUCH ÜBER DIE FORTSCHRITTE DER MATHEMATIK

UITGEGEVEN DOOR DE

PREUSSISCHE AKADEMIE DER WISSENSCHAFTEN

MET BIJZONDERE MEDEWERKING VAN HET

WISKUNDIG GENOOTSCHAP TE AMTSERDAM

REDACTIE GEORG FEIGL, HENDRIK DE VRIES

REVUE SEMESTRIELLE DES PUBLICATIONS MATHÉMATIQUES

DEEL 37. JAARGANG 1932. NR. 3

WALTER DE GRUYTER & CO.

VORMALS G.J. GÖSCHEN'SCHE VERLAGSHANDLUNG — J. GUTTENTAG, VERLAGSBUCHHANDLUNG — GEORG REIMER — KARL J. TRÜBNER — VEIT & COMP.

BERLIN 1932 LEIPZIG

P. NOORDHOFF, GRONINGEN. — GAUTHIER-VILLARS & CIE., PARIS. — G. E. STECHERT & CO., NEW YORK

Inhoud Inhalt

Jedem Titel sind in Fettdruck die Gebietsmarken des „Jahrbuchs über die Fortschritte der Mathematik" (vor dem Semikolon) und der „Revue semestrielle des publications mathématiques" (hinter dem Semikolon) beigegeben. Bezüglich der Gebietsmarken der „Revue semestrielle" wird auf den Index der „Revue semestrielle" verwiesen; die des „Jahrbuchs" werden im folgenden angegeben:

I. Geschichte. Philosophie. Pädagogik. **1.** Geschichte. **2.** Philosophie. **3.** Pädagogik.

II. Mengenlehre. (Abstrakte Mengen. Punktmengen.)

III. Arithmetik und Algebra. **1.** Allgemeines. Elementare Arithmetik und Algebra. **2.** Kombinatorik. Determinanten und Matrizen. **3.** Theorie der algebraischen Gleichungen und der Polynome. **4.** Algebraische Theorie der Formen. **5.** Gruppentheorie und abstrakte Algebra. **6.** Elementare Zahlentheorie. **7.** Idealtheorie. **8.** Analytische Zahlentheorie. **9.** Diophantische Approximationen. Geometrie der Zahlen. Transzendente Zahlen.

IV. Analysis. **1.** Grundlagen und Allgemeines. **2.** Theorie der unendlichen Zahlenfolgen. **3.** Allgemeine Theorie der reellen Funktionen: **A.** Differentialrechnung. **B.** Integralrechnung. **C.** Neuere Theorie der reellen Funktionen. **D.** Trigonometrische Reihen und Verwandtes. **4.** Allgemeine Theorie der Funktionen komplexer Argumente. **5.** Konforme Abbildung und Uniformisierung. **6.** Besondere Funktionen: **A.** Elementare Funktionen. Die Γ-Funktion und verwandte Funktionen. **B.** Hypergeometrische Funktionen, Kugelfunktionen und verwandte Funktionen. **C.** Algebraische Funktionen und ihre Integrale. **D.** Elliptische Funktionen nebst Anwendungen. Elliptische Modulfunktionen. **E.** Hyperelliptische und Abelsche Funktionen. **F.** Automorphe Funktionen. **7.** Integralgleichungen. Funktionen von unendlich vielen Veränderlichen. Funktionalanalysis. **8.** Kontinuierliche Gruppen. Differentialinvarianten. Integralinvarianten. **9.** Gewöhnliche Differentialgleichungen. **10.** Randwertaufgaben bei gewöhnlichen Differentialgleichungen. Entwicklungssätze. **11.** Differenzenrechnung. Analytische Theorie der Kettenbrüche. **12.** Partielle Differentialgleichungen. **13.** Potentialtheorie. Theorie der partiellen Differentialgleichungen vom elliptischen Typus. **14.** Parabolische und hyperbolische Differentialgleichungen. **15.** Variationsrechnung. **16.** Wahrscheinlichkeitsrechnung und Anwendungen. **17.** Praktische Analysis.

V. Geometrie. **1.** Allgemeines. Grundlagen der Geometrie. **2.** Topologie. **3.** Elementargeometrie. **4.** Darstellende Geometrie. **5.** Algebraische Geometrie: **A.** Allgemeines. Birationale Transformationen. **B.** Kurven zweiten Grades. **C.** Ebene algebraische Kurven. **D.** Flächen zweiten Grades. **E.** Algebraische Raumkurven, Flächen und Liniensysteme. **F.** Algebraische Gebilde in Räumen von mehr als drei Dimensionen. **6.** Differentialgeometrie: **A.** Allgemeines. Differentialgeometrie in der Euklidischen Ebene. **B.** Differentialgeometrie im dreidimensionalen Euklidischen Raum. **C.** Differentialgeometrie in mehrdimensionalen und allgemeinen Räumen. **D.** Konvexe Punktmengen. **7.** Vektor- und Tensorrechnung. **8.** Geometrische Optik.

VI. Mechanik. **1.** Allgemeines. **2.** Kinematik. **3.** Statik und Dynamik. **4.** Mechanik der Kontinua: **A.** Elastizitäts- und Festigkeitslehre. **B.** Hydrostatik und Hydrodynamik. Hydraulik. Aerodynamik.

VII. Mathematische Physik. **1.** Allgemeines. **2.** Relativitätstheorie. **3.** Quantentheorie.

VIII. Geodäsie und Geophysik. Astronomie. **1.** Geodäsie und Geophysik. **2.** Astronomie: **A.** Allgemeines. Sphärische Astronomie. **B.** Himmelsmechanik. **C.** Astrophysik.

A. Periodieke Publicaties.
Periodische Veröffentlichungen.

Académie Royale de Belgique. Bulletin de la Classe des Sciences. (5) 18, 3-5.

Th. de Donder. Généralisation de la formule de Kirchhoff et des potentiels retardés. II. 200-206. **IV 12, VII 1; H 9 h, T 7 a.**

P. Burniat. Sur les points fondamentaux des transformations birationnelles de l'espace. 223-233. **V 5 A; P^1 4.**

Th. de Donder. La notion d'angle dans une métrique géométrique quelconque. I, II. 303-310, 401-404. **V 6 C; O^2.**

L. Godeaux. Sur certaines involutions du sixième ordre appartenant à une surface de genres un. 311-321. **V 5 A; P^1 6 c.**

O. Rozet. Sur une congruence particulière de droites. 356-360. **V 6 C; N^2 1.**

C. de la Vallée Poussin. Utilisation de la méthode du balayage dans la théorie de la représentation conforme. 385-400. **IV 13, 5; $\overline{D}$ 4 c, 4.**

L. Godeaux. Sur l'enveloppe des quadriques de Lie de la surface cubique ayant trois points doubles biplanaires. 405-411. **V 6 B; O^1 5.**

F.-H. van den Dungen. Recherches mathématiques sur l'acoustique des salles. 437-461. **VI 4 A; T 2 c.**

Isis. International Review devoted to the History of Science and Civilisation. 17, 2 (51).

V. F. Lenzen. Archimedes' theory of the lever. 288-289. **I 1; V 3 b.**

L. Rosenfeld. Marcus Marcis Untersuchungen über das Prisma und ihr Verhältnis zu Newtons Farbentheorie. 325-330. **I 1; V 7.**

J. Pelseneer. Le dernier autographe de Newton. 331. **I 1; V 8.**

G. Sarton. Discovery of the main nutation of the earth's axis (1748). 333-338. **I 1; V 8.**

R. C. Archibald. Florian Cajori (1859-1930). 384-407. **I 1; V 10 a.**

G. Sarton, A. Pogo. Thirty-second critical bibliography of the history of science and of the history of civilization. 468-634. **I 1; V 1 a α.**

18, 1 (52).

A. Pogo. The astronomical inscriptions of the coffins of Heny (XI th dynasty?). 7-13. **I 1; V 2 c.**

J. C. Russell. Hereford and Arabic science in England about 1175-1200. 14-25. **I 1; V 5 b.**

J. F. Fulton. Robert Boyle and his influence on thought in the seventeenth century. 77-102. **I 1; V 7.**

D. Stimson. „Ballad of Gresham College". 103-117. **I 1; V 7.**

E. A. Guillemin. Early developments in electromagnetic theory, with two unpublished letters by A. M. Ampère. 118-126. **I 1; V 9.**

J. Ruska. Heinrich Wieleitner (1874-1931). 150-165. **I 1; V 10 a.**

H. P. J. Renaud. Additions et corrections à Suter „Die Mathematiker und Astronomen der Araber". 166-183. **I 1; V 4 c.**

G. Windred. The relation between pure and applied electrical theory, with special reference to mathematical methods. 184-190. **I 1; V 2 b.**

The Science Reports of National Tsing Hua University. A 1, 4.

H. S. Chen. Pairs of plane curves with points in one-to-one correspondence. 145-153. **V 6 A; O¹ 2.**

Annalen der Physik. (5) 13, 4-8.

W. Heisenberg. Theoretische Überlegungen zur Höhenstrahlung. 430-452. **VII 3, VIII 1; T 1 c, U 7.**

E. Kretschmann. Beitrag zur Theorie des elektrischen Widerstandes und der Supraleitfähigkeit der Metalle. 564-598. **VII 3; T 1 c.**

C. Lanczos. Zur Frage der regulären Lösungen der Einsteinschen Gravitationsgleichungen. 621-635. **VII 2; T 1 a.**

N. Günther. Untersuchung der Wirkung mechanischer und elektrischer Kraftfelder auf die Doppelbrechung des Quarzes. 783-801. **VII 1; T 3.**

R. Peierls. Zur Theorie der Absorptionsspektren fester Körper. 905-952. **VII 3; T 3 f.**

Jahresbericht der Deutschen Mathematiker-Vereinigung. 41, 9-12.

H. Hopf. Differentialgeometrie und topologische Gestalt. 209-229. **V 6 B, C, 2; O¹·², Q 3.**

H. Hamburger. Bericht über Untersuchungen, welche sich auf die Differentialgleichung $\frac{\partial^2 z}{\partial x \partial y} + a\frac{\partial z}{\partial x} + b\frac{\partial z}{\partial y} + cz = 0$ mit periodischen Koeffizienten a, b, c beziehen. 229-245. **IV 14; H 9 d.**

R. Iglisch. Zur Topologie der Verzweigungslösungen einer nichtlinearen Integralgleichung. 245-254. **IV 7; H 11 c β.**

F. Rehbock. Zur ebenen Strahlengeometrie vom euklidischen oder pseudoeuklidischen Typus. 255-269. **V 1; Q 1.**

F. Paulus. Die Beschleunigung bei der umgekehrten und relativen Bewegung. 269-300. **VI 2; R 1 d.**

E. Zermelo. Über Stufen der Quantifikation und die Logik des Unendlichen. 85-88 kursiv. **II; J 5.**

A. Fraenkel. Über eine wesentliche Spezialisierung des Auswahlaxioms. 88 kursiv. **II; J 5.**

L. Schnirelmann. Über additive Aufgaben der Zahlentheorie. 91-93 kursiv. **III 8; I 10.**

E. Pannwitz. Über eine elementargeometrische Eigenschaft von Verschlingungen und Knoten. 93-94 kursiv. **V 2; Q 3.**

Journal für die reine und angewandte Mathematik. 168, 1.

H. Prüfer. Untersuchungen über Teilbarkeitseigenschaften in Körpern. 1-36. **III 5; B 12.**

A. Hammerstein. Über die Eigenwerte gewisser nichtlinearer Differentialgleichungen. 37-43. **IV 9; H 3.**

R. Brauer. Über die Konstruktion der Schiefkörper, die von endlichem Rang in bezug auf ein gegebenenes Zentrum sind. 44-64. **III 5; B 12.**

Mathematische Annalen. 106, 4.

F. K. Schmidt. Über die Dichte metrischer Räume. 457-472. **V 2; J 5 b, d.**

J. Herbrand. Théorie arithmétique des corps de nombres de degré infini. Extensions algébriques finies de corps infinis. 473-501. **III 5; B 12.**

J. Herbrand. Zur Theorie der algebraischen Funktionen. (Aus Briefen an E. Noether.) 502. **III 5; B 12.**

H. Hamburger. Über die partielle lineare homogene Differentialgleichung zweiter Ordnung von hyperbolischem Typus, deren Koeffizienten in einer Veränderlichen periodisch sind. II: Das Umkehrungsproblem und der Approximationssatz. 503-535. **IV 14; H 9.**

S. Sidon. Ein Satz über trigonometrische Polynome und seine Anwendung in der Theorie der Fourier-Reihen. 536-539. **IV 3 D; D 1 bα, 2 bβ.**

H. Cartan. Sur les transformations analytiques des domaines cerclés et semicerclés bornés. 540-573. **IV 4; $\bar{D}$ 5.**

E. Peschl. Über die Krümmung von Niveaukurven bei der konformen Abbildung einfach zusammenhängender Gebiete auf das Innere eines Kreises. 574-594. **IV 5; $\bar{D}$ 4.**

M. Fekete. Über die Verallgemeinerung der Picard-Landauschen und Picard-Schottkyschen Sätze auf Reihen, die nach Potenzen eines Polynoms fortschreiten und Polynome niedrigeren Grades zu Koeffizienten haben. 595-616. **IV 4; $\bar{D}$ 3 j.**

T. Nagell. Bemerkung zu der Arbeit von Th. Estermann: „Einige Sätze über quadratfreie Zahlen", Math. Ann. **105** (1931), 653-662. 616. **III 6; I 2.**

H. Cartan, P. Thullen. Zur Theorie der Singularitäten der Funktionen mehrerer komplexer Veränderlichen. Regularitäts- und Konvergenzbereiche. 617-647. **IV 4; $\bar{D}$ 5 d.**

H. Kneser. Ein Satz über die Meromorphiebereiche analytischer Funktionen von mehreren Veränderlichen. 648-655. **IV 4; $\bar{D}$ 5.**

H. Kneser. Die singulären Kanten bei analytischen Funktionen mehrerer Veränderlichen. 656-660. **IV 4; $\bar{D}$ 5.**

J. Schauder. Über den Zusammenhang zwischen der Eindeutigkeit und Lösbarkeit partieller Differentialgleichungen zweiter Ordnung vom elliptischen Typus. 661-721. **IV 13, 7, V 2; $\bar{D}$ 4 cα, C 5, Q 3.**

R. Sauer. Die allgemeinen quadratischen Abbildungen, dargestellt durch geradlinige Dreiecksnetze. 722-754. **V 5 C; P^1 4, 6.**

R. Moufang. Die Schnittpunktsätze des projektiven speziellen Fünfecksnetzes in ihrer Abhängigkeit voneinander. (Das A-Netz.) 755-795. **V 1; Q 1 a.**

Mathematische Zeitschrift. 35, 3-4.

S. Warschawski. Über das Randverhalten der Ableitung der Abbildungsfunktion bei konformer Abbildung. 321-456. **IV 5; $\bar{D}$ 4 c.**

H. Falckenberg. Die Anzahl der Nullstellen der Hankelschen Funktionen. 457-463. **IV 6 B; H 5 f.**

M. R. Siddiqi. Zur Theorie der nichtlinearen partiellen Differentialgleichungen vom parabolischen Typus. 464-484. **IV 14; $\bar{D}$ 4 c.**

L. Schlesinger. Weitere Beiträge zum Infinitesimalkalkül der Matrizen. 485-501. **IV 8 C, III 2; C 2 m, B 1 a.**

G. Bergmann. Zur algebraisch-axiomatischen Begründung der Topologie. 502-511. **V 2; Q 3.**

W. Rinow. Über Zusammenhänge zwischen der Differentialgeometrie im Großen und im Kleinen. 512-528. **V 6 B; O[1].**

E. Rembs. Über die Verbiegung parabolisch berandeter Flächen negativer Krümmung. 529-535. **V 6 B; O[1] 6.**

J. Schauder. Bemerkung zu meiner Arbeit „Potentialtheoretische Untersuchungen I (Anhang)". 536-538. **IV 13; H 10 d α.**

E. Kamke. Zu dem Integralsatz von Cauchy. 539-543. **IV 4; D̄ 3 b.**

A. Korn. Über eine Entwicklung der Lösung der Telegraphengleichung nach Besselschen Funktionen. 544-552. **IV 14; H 5 i α, D 1 b γ.**

T. Ważewski. Zur Theorie des Unitätsproblems für Systeme von gewöhnlichen Differentialgleichungen. 553-562. **IV 9; H 1 j.**

O. Perron. Eine Abschätzung für die untere Grenze der absoluten Beträge der durch eine reelle oder imaginäre binäre quadratische Form darstellbaren Zahlen. 563-578. **III 9; I 17 a α.**

G. Szegö. Über gewisse Interpolationspolynome, die zu den Jacobischen und Laguerreschen Abszissen gehören. 579-602. **IV 6 A; A 5 b, D 2.**

N. Cioränescu. Sur les conditions linéaires dans l'intégration des équations différentielles ordinaires. 603-608. **IV 9; H 4 g.**

H. Seifert. Homologiegruppe berandeter dreidimensionaler Mannigfaltigkeiten. 609-611. **V 2; Q 3.**

M. Nicolesco. Sur la décomposition des polynomes différentiels en facteurs du premier ordre. 612-167. **IV 9; H 4 b.**

R. Mehmke. Bemerkungen zu der Abhandlung „Ein neues Analogon zum Satz von Desargues in Räumen von gerader Dimension" von E. A. Weiß (Math. Zeitschr. Bd. 33 (1931), S. 388-395). 618-623. **V 1; L[1] 18 b.**

S. Sidon. Berichtigung zu meiner Arbeit „Einige Sätze und Fragestellungen über Fourier-Koeffizienten", Math. Zeitschr. Bd. 34, Heft 4, S. 477-480. 624. **IV 3 D; D 1 b α.**

Physikalische Zeitschrift. 33, 10-13.

R. Hermann. Wärmeübergang bei freier Konvektion. I. 425-434. **VII 1; S 4.**

Ph. M. Morse. Unelastische Streuung von Kathodenstrahlen. 443-445. **VII 3; T 3 f.**

H. Ebert. Über das Strömen von Gasen bei niedrigen Drucken. (Nachtrag.) 453. **VI 4 B; S 5 a.**

L. Infeld. Die verallgemeinerte Spinorenrechnung und die Diracschen Gleichungen. 475-483. **VII 3; T 1 c.**

W. Gräwe. Beeinflussung des Minimumpotentials durch Salze. 483-488. **VII 3; T 1 c.**

J. Weiler. Ramaneffekt und molekulare Anisotropie. 489-498. **VII 3; T 1 c.**

M. Reiner. Die Berechnung des Einflusses einer festen Wand auf den Aggregatzustand einer Flüssigkeit aus Viskositätsmessungen. 499-502. **VI 4 B; S 2 f.**

Schriften des Mathematischen Seminars und des Instituts für angewandte Mathematik der Universität Berlin. 1, 2-3.

H. Rohrbach. Die Charaktere der binären Kongruenzgruppe mod. p^2. 33-94. **III 5; J 4.**

H. Grunsky. Neue Abschätzungen zur konformen Abbildung ein- und mehrfach zusammenhängender Bereiche. 95-140. **IV 5; D̄ 4.**

Sitzungsberichte der Berliner Mathematischen Gesellschaft. 30.

A. Hammerstein. Die erste Randwertaufgabe für nichtlineare Differentialgleichungen 2. Ordnung. 3-10. **IV 10; D̄ 4 c.**

S. Bergmann. Eine Bemerkung über schlichte Minimalabbildungen. 11-13. **IV 5; $\bar{D}$ 4.**

O. Mühlendyck. Über die analytischen Zylinder. 14-17. **V 6 B; O[1].**

Sitzungsberichte der Mathematisch-naturwissenschaftlichen Abteilung der Bayerischen Akademie der Wissenschaften zu München. 1932, 1.

A. Wilkens. Über eine allgemeine Methode der speziellen Störungstheorie mit besonderer Berücksichtigung der Jupitergruppe. 1-22. **VIII 2 B; T 1 a, b.**

W. Gerlach. Longitudinale und transversale ferromagnetische Widerstandsänderung. 41-44. **VII 1; T 6.**

Sitzungsberichte der Preußischen Akademie der Wissenschaften. Physikalisch-mathematische Klasse. 1932, XIII-XVI.

A. Klose. Die Bohrschen Quantenbedingungen. 142-165. **VII 3; T 1 c.**

E. Hopf. Über lineare Gruppen unitärer Operatoren im Zusammenhang mit den Bewegungen dynamischer Systeme. 182-190. **VI 3; R 6, 10.**

P. Koebe. Riemannsche Mannigfaltigkeiten und nichteuklidische Raumformen. VIII: Erweiterung der Aufbautheorie und der Metrisierungstheorie. Konvexformen und Konkavformen. 249-284. **V 2; Q 1.**

Zeitschrift für angewandte Mathematik und Mechanik. 12, 3.

E. Melan. Die Bestimmung des Sicherheitsgrades einfach statisch unbestimmter Fachwerke. 129-136. **VI 4 A; T 2.**

K. Hager. Der ebene Spannungszustand. 137-141. **VI 4 A; T 2.**

H. Schmidt. Zur Statik eingespannter Rechteckplatten. 142-151. **VI 4 A; T 2.**

M. Schuler. Die Berechnung der Gleichgewichtslage von gemessenen Schwingungen auf Grund der Fehlertheorie. 152-156. **VI 3, IV 16; R 8, J 2 e α.**

F. Magyar. Das Wirbelsystem der ebenen turbulenten Strömung. 157-163. **VI 4 B; S 2 c.**

A. Betz. Verhalten von Wirbelsystemen. 164-174. **VI 4 B; S 2 c.**

G. Worch. Über die zweckmäßigste Art, lineare Gleichungen durch Elimination aufzulösen. 175-181. **IV 17; B 3.**

F. Kadner. Einfache Konstruktionen zur angenäherten Quadratur. 181-185. **IV 17; C 2 j.**

D. Panow. Über die angenäherte numerische Lösung des Problems der Wärmeleitung. 185-188. **IV 17; $\bar{D}$ 4 c.**

S. Ghosh. On some many-valued solutions of the equations of elastic equilibrium in polar coordinates. 188-190. **VI 4 A; T 2.**

H. Heinrich. Ist Schrägüberschreiten der Fahrbahn gefährlich? 190. **VI 1; T 1.**

Zeitschrift für Physik. 75, 11-12.

L. Posener. Zum Magnetismus freier Elektronen. 809-811. **VI 3; T 1 c.**

76.

A. v. Hippel. Die Gesetze des Kathodenfalles. 1-13. **VII 1; T 7.**

K. Honda, T. Nishina, T. Hirone. Eine Theorie der durch hydrostatischen Druck verursachten Änderung des elektrischen Widerstandes in Leitern. 80-90. **VII 3; T 1 c.**

S. Samburski. Zum Intensitätsabfall in verbotenen Serien. 132-134. **VII 3; T 3 f.**

O. Klein. Zur Berechnung von Potentialkurven für zweiatomige Moleküle mit Hilfe von Spektraltermen. 226-235. **VII 3; T 3 f.**

S. Sambursky. Zur Entstehungsursache einiger verbotener Linien im Spektrum des *Hg* II. 266-267. **VII 3; T 3 f.**

H. Bethe. Bremsformeln für Elektronen relativistischer Geschwindigkeit. 293-299. **VII 2, 3; T 1 a, c.**

B. Mrowka. Wellenmechanische Berechnung der Polarisierbarkeit des Wasserstoffmoleküls. 300-308. **VII 3; T 1 c.**

W. Wessel. Zur quantentheoretischen Elektrodynamik. III: Invariante Formulierung der Diracschen Dispersionstheorie. 337-367. **VII 3; T 1 c.**

W. Alexandrow. Über die Durchlässigkeit der rein Coulombschen Sperrgebiete für α-Teilchen. 415-419. **VII 3; T 3 f.**

H. Chr. Stier. Zur Deutung des Ramsauereffektes bei symmetrischen zweiatomigen Molekülen. 439-470. **VII 3; T 1 c.**

Y. Fujioka. Zur Dispersionstheorie im metallischen Leiter. 537-558. **VII 3; T 1 c.**

E. Hückel. Quantentheoretische Beiträge zum Problem der axiomatischen und ungesättigten Verbindungen. III. 628-648. **VII 3; T 1 c.**

F. Ollendorff, G. Wendt. Relativistische Korrektur der Abbildungsgesetze einer magnetischen Sammellinse für Kathodenstrahlen. 655-659. **VII 2; T 1 a.**

G. Schweikert. Ableitung des Planckschen Strahlungsgesetzes ohne Quantenhypothese auf der Grundlage der klassischen Statistik. 679-687. **VII 1; T 3 f.**

L. Rosenfeld. Über eine mögliche Fassung des Diracschen Programms zur Quantenelektrodynamik und deren formalen Zusammenhang mit der Heisenberg-Paulischen Theorie. 729-734. **VII 3; T 1 c.**

H. J. Groenewold. Bemerkung zur Theorie der Röntgenabsorption in molekularen Gasen. 766-767. **VII 3; T 3 f.**

H. Petersen. Zur Theorie der Röntgenabsorption molekularer Gase. 768-776. **VII 3; T 3 f.**

C. Putilov. Über ein Paradoxon betreffend das Gleichgewicht der Strahlungsenergie. 826-828. **VII 3; T 3 f.**

Comptes rendus hebdomadaires des Séances de l'Académie des Sciences. 194, 18-26.

M. Fréchet. Sur la convergence des probabilités en chaîne. 1542-1544. **IV 16; J 2.**

G. Cerf. Sur l'intégration des équations aux dérivées partielles. 1544-1546. **IV 12; H 7 d.**

F. Vasilesco. Sur les dérivées normales des fonctions harmoniques dans le problème de Dirichlet. 1546-1549. **IV 13; D̅ 4 c α.**

P. Humbert. Sur une généralisation du potentiel. 1549-1550. **IV 13; R 5 c.**

J. Devisme. Sur quelques équations aux dérivées partielles. 1550-1552. **IV 12; H 9 f.**

G. Valiron. Sur les directions de Borel de certaines fonctions entières d'ordre infini. 1552-1555. **IV 4; D̅ 3 g.**

C. Woronetz. Sur le roulement sans glissement d'un corps solide sur une surface déformable. 1555-1557. **VI 3; R 8 a.**

Davin. Sur l'état élastique et plastique d'un corps indéfini à deux dimensions percé d'un trou circulaire. 1557-1559. **VI 4 A; T 2.**

J. Pérès, L. Malavard. Tracé des lignes de courant dans l'écoulement d'Oseen autour d'un cercle. 1560-1562. **VI 4 B; S 3 a.**

A. Buhl. Mouvements multiponctuels correspondant à l'équation de Jacobi écrite pour le cas d'un seul point. 1562-1564. **VI 3, VII 3; R 6 b γ, T 1 c.**

Ph. Le Corbeiller. Sur l'entretien en oscillations du réseau passif le plus général. 1564-1566. **VII 1; T 7.**

P. Boos. Sur la relation qui existe entre un arc de courbe et l'angle sous lequel on le voit de son origine. 1623-1625, 2271-2273. **V 6 B; O^1 5 e.**

M. Fekete. Sur quelques généralisations de l'inégalité de Jensen. 1625-1627. **IV 4; $\overline{D}$ 3.**

J. Leray. Sur certaines classes d'équations intégrales non linéaires. 1627-1629. **IV 7; H 11 c β.**

V. Bernstein. Sur l'analogie entre la distribution des droites de Julia des fonctions holomorphes et celle des points singuliers des fonctions analytiques. 1629-1631. **IV 4; $\overline{D}$ 3.**

M. Cau. Variation avec l'épaisseur des effets magnéto-optiques par transmission des couches minces de fer. 1642-1644. **VII 1; T 3 d.**

G. Debebant. Cinématique des centres isobariques. 1673-1675. **VIII 1; U 10.**

A. Blondel. Effet de l'hystérésis dans le chauffage par champ magnétique oscillant. 1700-1703. **VII 1; T 7.**

J. Favard. Sur la répartition des points où une fonction presque périodique prend une valeur donnée. 1714-1716. **IV 4; $\overline{D}$ 3.**

De Séguier. Normalisants des substitutions d'ordre 2 des groupes linéaire quadratique, hermitien et gauche dans un champ de Galois d'ordre impair. 1716-1718. **III 5; B 2, 12.**

M. L. Cartwright. Sur certaines fonctions entières d'ordre fini. 1718-1720. **IV 4; $\overline{D}$ 3 g.**

B. Demtchenko. Variation de la résistance aux faibles vitesses sous l'influence de la compressibilité. 1720-1723. **VI 4 B; S 2 b.**

M. Fréchet. Remarques sur les probabilités des événements en chaîne. 1785-1786. **IV 16; J 2.**

T. Wazewski. Sur la stabilité des intégrales d'un système d'équations différentielles. 1786-1787. **IV 9; H 2 e.**

A. Froda. Sur la mesurabilité en support des fonctions de variables réelles. 1788-1789. **IV 3 C; J 5 c.**

G. Valiron. Sur quelques conséquences de théorèmes de M. Ahlfors. 1790-1792. **IV 4; $\overline{D}$ 3 i, j.**

M. Mendes. Application de la méthode de la variation des constantes au problème des n corps à masses variables. 1794-1796. **VIII 2 B; $\overline{U}$ 9 a.**

V. Smirnoff, S. Soboleff. Sur quelques problèmes de vibrations élastiques. 1797-1799. **VI 4 A; T 2.**

M. Cau. Rôle des réflexions multiples dans les effets Kerr magnéto-optiques des couches minces de fer. 1807-1809. **VII 1; T 3 d.**

G. Mano. Le ralentissement des rayons α dans l'air et la théorie de Bethe. 1813-1815. **VII 3; T 3 f.**

G. Bouligand. Sur les ensembles de niveau d'une fonction des distances d'un point à plusieurs ensembles. 1882-1884. **II; J 5 e.**

S. Mandelbrojt. Sur les séries de Dirichlet dont les exposants sont linéairement indépendants. 1884-1887. **IV 4; $\overline{D}$ 3.**

V. Bernstein. Sur une généralisation de la méthode de sommation exponentielle de M. Borel. 1887-1889. **IV 4; $\overline{D}$ 3 g.**

M. L. Cartwright. Sur les directions de Borel des fonctions entières d'ordre fini. 1889-1892. **IV 4; $\overline{D}$ 3 g.**

J. Leray. Sur les mouvements des liquides illimités. 1892-1894. **VI 4 B; S 2 f.**

M. Serruys. Calcul d'une limite supérieure de la durée de la détonation dans les moteurs à explosion et explication de la présence d'une lacune dans les diagrammes fournis par certains manographes électriques. 1894-1896. **VI 4 B; R 9 d.**

R. Wavre, P. Dive. Un exemple de fonction harmonique multiforme fourni par la théorie du potentiel newtonien. 1901-1902. **IV 13; $\overline{\text{D}}$ 4 cα.**

A. Rostagni. Sur les propriétés des gaz ionisés en haute fréquence. 1906-1908. **VII 3; T 1 c.**

J.-L. Destouches. Théorie de la diffusion des neutrons, coefficient d'absorption et ionisation. 1909-1911. **VII 3; T 1 c.**

C. Camichel, P. Dupin, M. Teissié-Solier. Sur le régime non turbulent au delà du critérium des tourbillons alternés. 1997-1999. **VI 4 B; S 2 c.**

Ehresmann. Les invariants intégraux et la topologie de l'espace projectif réglé. 2004-2006. **V 2; Q 3.**

D. V. Jonesco. Certaines courbes qui généralisent les coniques. 2006-2009. **V 5 C; M^1.**

R. Fueter. Formes d'Hermite, groupe de Picard et théorie des idéaux de quaternions. 2009-2011. **III 5, 7; B 12.**

M. Ghermanesco. Sur le problème de Riquier. 2011-2014. **IV 13; $\overline{\text{D}}$ 4 c.**

A. Denjoy. Sur les caractéristiques du tore. 2014-2016. **IV 9, V 6 B; H 2 a, O^1 5 n.**

A. Froda. Sur la mesurabilité verticale des fonctions de variables réelles. 2016-2018. **IV 8 C; J 5 c.**

J. Le Roux. Sur les invariants différentiels des groupes de relativité. 2019-2021. **VII 2; T 1 a.**

J. Haag. Théorie générale de la suspension élastique des pendules. 2021-2023. **VI 4 A; T 2 a.**

G. Sladbel. Sur la mesure de la résistance opposée par un milieu visqueux au mouvement des corps. 2023-2026. **VI 4 B; S 2 e.**

J. Rossignol. Problème touchant des tourbillons cylindriques de section finie. 2026-2028. **VI 4 B; S 2 c.**

A. Douillet. Sur un appareil d'accouplement élastique permettant la mesure et l'enregistrement graphique des couples de rotation. 2028-2030. **VI 4 A; T 2.**

É. Belot. Orientation originelle et actuelle des orbites des petites planètes et de Jupiter en rapport avec les causes des excentricités primitives. 2030-2032. **VIII 2 B; $\overline{\text{U}}$ 9.**

C. Camichel, L. Escande. La similitude des systèmes en charge sans dimensions linéaires propres. 2105-2108. **VI 4 B; S 2.**

M. Janet. Détermination explicite de certains minima dans les problèmes sans conditions aux limites. 2109-2111. **IV 15; J 3.**

P. L. Srivastava, S. P. Jain. Sur les singularités de l'intégrale de Laplace-Abel. 2111-2113. **IV 4; E 3.**

C. E. Winn. Sur la relation entre une suite donnée et une autre suite dérivée avec le même intervalle d'oscillation. 2114-2115. **IV 2; D 2.**

N. Cioranesco. Nouveaux problèmes sur les équations aux dérivées partielles du second ordre et du type hyperbolique. 2115-2117. **IV 14; $\overline{\text{D}}$ 4 c.**

W. Orlicz. Quelques théorèmes sur les séries orthogonales. 2118-2120. **IV 8 D; D 1 b ζ.**

M. L. Cartwright. Sur quelques propriétés des directions de Borel des fonctions entières d'ordre fini. 2120-2122. **IV 4; $\overline{\text{D}}$ 3 g.**

P.-E. Mercier. Formes intrinsèques des lois du mouvement plan (mouvement permanent). 2122-2124. **VI 4 B; S 2.**

E. Sevin. A propos du rôle de la rotation des particules matérielles dans l'évolution de l'univers. 2124-2126. **VIII 2 C; U 11.**

J. Bosler. Sur la rareté apparente des comètes hyperboliques. 2193-2195. **VIII 2 B; $\overline{\text{U}}$ 9.**

A. Buhl. Mouvements multiponctuels correspondant à l'équation de Schrödinger écrite pour le cas d'un seul point. 2195-2197. **VII 3; T 1 c.**

E. Wolfers. Sur la possibilité d'un effet Compton en optique. 2202-2204. **VII 3; T 3 f.**

M. Cau. Sur l'interprétation des expériences de Pogany; influence de l'épaisseur. 2204-2206. **VII 1; T 3 d.**

M. Pacquement. Sur la figure formée par une quadrique et deux droites. 2267-2269. **V 5 D; L² 6.**

G. Darmois. La déformation de l'espace dans la théorie de la relativité. 2269-2271. **VII 2; T 1 a.**

C. E. Winn. Sur une comparaison entre l'oscillation des moyennes de Cesàro et de Hölder. 2273-2275. **IV 2; D 2 a η.**

V. Brun. Sur la formule d'inversion de M. Tambs Lyche. 2276-2277. **IV 4; $\overline{\text{D}}$ 3.**

A. Appert. Sur une condition jouant un rôle important dans la topologie des espaces abstraits. 2277-2280. **II, V 2; J 5 b, d.**

M. L. Cartwright. Sur la relation entre les directions de Borel de certaines fonctions entières et les singularités des fonctions analytiques. 2280-2282. **IV 4; $\overline{\text{D}}$ 3 g.**

F. Vasilesco, R. Wavre. Sur une manière d'engendrer des fonctions harmoniques multiformes dans l'espace ou le plan. 2282-2284. **IV 13; $\overline{\text{D}}$ 4 c α.**

A. Rosenblatt. Sur la stabilité du mouvement général laminaire des fluides visqueux incompressibles. 2284-2286. **VI 4 B; S 2 f.**

G. A. Mokrzycki. Relation entre rayon d'action et la vitesse au départ. 2286-2289. **VI 4 B; R 9 d β.**

M. Mendes. Sur le problème des corps à masses variables traité à partir de l'égalité de M. Levi-Civita. 2289-2292. **VIII 2 B; $\overline{\text{U}}$ 9 a.**

S. Arend. Solution générale du problème du rattachement de deux clichés l'un à l'autre. 2292-2294. **V 4, VIII 2 A; K¹ 23**

L'Enseignement mathématique. 30, 4-6.

P. Papillon. Sur certains volumes algébriques. 209-232. **V 5 E; M² 2 b.**

H. Hopf. Géométrie infinitésimale et topologie. 233-240. **V 6 B, C, 2; O^{1,2}, Q 3.**

W. Sierpiński. Sur les familles croissantes de sous-ensembles d'un ensemble dénombrable. 240-242. **II; J 5 a β.**

G. Bouligand. Sur l'idée d'ensemble d'accumulation. 243-247. **II; J 5 b.**

M. Barzin, A. Errera. Sur la logique de M. Heyting. 248-250. **I 2; V 1 b.**

R. Badesco. Sur certaines séries de fonctions rationnelles. 251-260. **IV 4; $\overline{\text{D}}$ 3 i.**

O. Pylarinos. Sur les congruences de courbes. 261-269. **V 6 B; N² 3.**

A. van Haselen. Sur l'itération de log $(1 + z)$. 269-271. **IV 4; $\overline{\text{D}}$ 3.**

U. Cassina. Sur le pendule de longueur variable. 271-274. **VI 4 A; T 2.**

A. Buhl. Gabriel Koenigs. 286-287. **I 1; V 10 a.**

A. Buhl. Paul Barbarin. 287-288. **I 1; V 10 a.**

Nécrologie. 288-289. **I 1; V 10 a.**

Le Journal de Physique et le Radium. (7) 3, 4-6.

H. Mineur. A propos de la détermination de la densité de l'ozone atmosphérique. 145-149. **VIII 1; U 7.**

G. I. Pokrowski. Sur les propriétés périodiques des noyaux atomiques. 150-154. **VII 3; T 1 c.**

J. J. Placinteanu. Les oscillations propres des gaz ionisés d'après la mécanique ondulatoire. 155-159. **VII 3; T 1 c.**

M. L. Néel. Propriétés magnétiques du manganèse et du chrome. 160-171. **VII 3; T 1 c.**

A. Proca. Quelques observations concernant un article intitulé „Sur l'équation de Dirac". 172-184. **VII 3; T 1 c.**

M. Mariani. Sur la signification physique des groupes de transformation. 219-224. **VII 1; T 1.**

J. E. Verschaffelt. Nouveau système d'unités en electromagnétisme. 225-228. **VII 1; T 7.**

Nature. 129, 3263-3269.

Vortex motion in vibrating columns of air. 711-712. **VI 4 A; T 2.**

S. C. Dr. L. A. Bauer. 714. **I 1; V 10 a.**

G. Racah. Isotopic displacement and hyperfine structure. 723-724. **VII 3; T 1 c.**

H. T. Flint. The uncertainty principle in modern physics. 746-747. **I 2; V 1 f.**

A. Findlay. Prof. Wilhelm Ostwald. 750-751. **I 1; V 10 a.**

A. S. C. Ross. Sound change and indeterminism. 760. **IV 16; J 2 e.**

W. H. G. University science teaching. 773-775. **I 3; V 1 a.**

S. Chapman. Polar lights. 820-821. **VIII 1; U 10.**

F. A. Jenkine, M. Ashley. Nuclear spin of phosphorus from the band spectrum. 829-830. **VII 3; T 1 c.**

H. S. Allen. Disintegration of atomic nuclei. 830. **VII 3; T 1 c.**

W. D. Lambert. Stokes's formula in geodesy. 831-832. **VIII 1; U 7.**

The provincial universities of Great Britain. 840. **I 3; V 1 a.**

Presidents of the Royal Society and their portraits. 910-911. **I 1; V 2 b.**

Proceedings of the London Mathematical Society. (2) 33, 7.

H. P. Mulholland. The generalization of certain inequality theorems involving powers. 481-516. **IV 2, 3 C; D 1 c, 2 a.**

R. Wilson. Eliminants of characteristic equations. 517-524. **III 5; B 12.**

C. M. Rigby. The electric field of a sphere lying between two infinite conducting planes. 525-536. **VII 1, IV 13; T 5, H 10 d α.**

O. L. Davies. Notes on normal division algebras. 537-538. **III 5; B 12.**

D. P. Dalzell. Theory of the theta-fuchsian functions. 539-558. **IV 6 F; G 6 a.**

J. C. Burkill. The strong and weak convergence of functions of general type. Corrigenda. 561. **IV 3 C; D 1 a.**

L. S. Bosanquet. On the summability of Fourier series. Corrigenda. 561. **IV 3 D; D 1 b α.**

L. J. Mordell. On Hecke's modular functions, zeta functions, and some other analytic functions in the theory of numbers. Corrigenda. 562. **III 8, IV 6 D; F 7, D 6 f β.**

S. Verblunsky. On some classes of Fourier series. Corrigenda. 562-563. **IV 3 D; D 1 b α.**

Proceedings of the Royal Society of Edinburgh. 52, 1-2.

A. C. Aitken. On the orthogonal polynomials in frequencies of type B. 174-182. **IV 3 D; D 1 b ζ.**

H. S. Ruse. On the definition of spatial distance in general relativity. 183-194. **VII 2; T 1 a.**

A. R. Horne. Graphical analysis of international combustion engine indicator diagrams. 208-217. **IV 17; X 4.**

L. M. Milne-Thomson. The zeta function of Jacobi. A sevendecimal table of $Z(u \mid m)$ at interval 0.01 for u and for values of $m (= k^2)$ from 0.1 to 1.0. 236-250. **IV 17; X 2.**

Proceedings of the Royal Society of London A. 136, 829-830.

C. G. Darwin. Notes on the theory of radiation. 36-52. **VII 3; T 3 f.**

J. C. McLennan, A. C. Burton, A. Pitt, J. O. Wilhelm. The phenomena of superconductivity with alternating currents of high frequency. 52-76. **VII 1; T 7.**

M. S. Desai. The determination of the heat of dissociation of fluorine and of the latent heat of vaporisation of lithium. 76-82. **VII 3; T 1 c.**

W. J. Duncan. On the torsion of cylinders of symmetrical section. 95-113. **VI 4 A; T 2.**

S. M. Naudé. Quantum analysis of the rotational structure of the first positive bands of Nitrogen (N_2). 114-144. **VII 3; T 1 c.**

T. M. Lewis. Some special solutions of the equations of axially symmetric gravitational fields. 176-192. **VII 2; T 1 a.**

L. S. Palmer. On the action of tuned rectangular frame aerials when receiving short waves. 193-209. **VII 1; T 7 c.**

J. A. Wasastjerna. On the nature of X-rays. 233-242. **VII 3; T 3 f.**

W. C. Price. Theoretical intensities in the spectrum of H_2. 264-271. **VII 3; T 3 f.**

H. S. W. Massey, C. B. O. Mohr. The collision of slow electrons with atoms. I: General theory and elastic collisions. 289-311. **VII 3; T 1 c.**

P. M. S. Blackett, D. S. Lees. Investigations with a Wilson chamber. I: On the photography of artificial disintegration collisions. 325-338. **VII 3; T 1 c.**

P. M. S. Blackett, D. S. Lees. Further investigations with a Wilson chamber. III: The acurracy of the angle determination. 338-348. **VII 3; T 1 c.**

R. W. Gurney. The quantum mechanics of electrochemistry. II. 378-391. **VII 3; T 1 c.**

R. H. Fowler. A note on the statistical theory of the e. m. f. of a reversible cell and the verification of the Gibbs-Helmholtz equation. 391-396. **VII 3; T 1 c.**

B. Topley. The mechanism and molecular statistics of the reaction. 413-428. **VII 3; T 1 c, R 10.**

H. C. Webster. The artificial production of nuclear γ-radiation. 428-453. **VII 3; T 3 f.**

P. A. M. Dirac. Relativistic quantum mechanics. 453-464. **VII 2, 3; T 1 a, c.**

T. H. Havelock. Ship waves: their variation with certain systematic changes of form. 465-471. **VI 4 B; S 1 b.**

T. M. Lowry, S. T. Henderson. Molecular structure and physical properties of prussic acid. I: Refractive dispersion of prussic acid and its homologues. 471-487. **VII 3; T 1 c.**

A. H. Wilson. A note on the theory of rectification. 487-498. **VII 3; T 1 c.**

T. L. Eckersley. Radio transmission problems by phase integral methods. 499-527. **VII 3; T 1 c.**

J. K. L. Macdonald. A theory of some electron-levels in H_2. 528-537. **VII 3; T 1 c.**

H. S. Patterson, W. Cawood. The reproducibility and rate of coagulation of stearic acid smokes. 538-548. **VII 1; S 4 b.**

J. McDougall. The motion of electrons in the static field of hydrogen and helium. 549-558. **VII 3; T 1 c.**

G. O. Langstroth. Electron polarisation. 558-568. **VII 3; T 1 c.**

W. R. Angus. Ionic diamagnetic susceptibities. 569-578. **VII 3; T 1 c.**

H. M. Taylor. The anomalous scattering of α-particles by hydrogen and helium. 605-618. **VII 3; T 3 f.**

F. C. Champion. On some close collisions of fast β-particles with electrons, photographed by the expansion method. 630-637. **VII 3; T 3 f.**

Discussion on the structure of atomic nuclei. 735-762. **VII 3; T 1 c.**

The Journal of the London Mathematical Society. 7, 2 (26).

W. N. Bailey. Relations between some definite integrals involving selfreciprocal functions. 82-87. **IV 6 B; H 5 f α.**

A. L. Dixon, W. L. Ferrar. On Cesàro sums. 87-93. **IV 2; D 2 a η.**

M. H. A. Newman. Note on an algebraic theorem of Eddington. 93-99. **III 2, VII 3; B 1 a, T 1c.**

L. S. Bosanquet. Note on the limit of a function at a point. 100-105. **IV 3 C; D 1 a.**

A. Page. A statement by Ramanujan. 105-112. **III 8; D 6 i β.**

T. G. Room. Notes on some geometrical configurations. IX: Quadrics with regard to which a rational scroll in [3] is its own polar reciprocal. Corrigendum. 112. **V 5 F; L^2.**

H. W. Richmond. On Cayley's problem of seven lines. 113-117. **V 5 E; M^2 3 a α.**

H. Davenport. On the distribution of l-th power residues (mod p). 117-121. **III 6; I 7.**

R. E. A. C. Paley. A note on power series. 122-130. **IV 3 D; D 2 b α.**

A. E. Western. On Lucas's and Pepin's tests for the primeness of Mersenne's numbers. 130-137. **III 6; I 2 b β.**

G. H. Hardy. Summation of a series of polynomials of Laguerre. 138-139. **IV 3 D; D 2 b δ.**

E. C. C. Poole. Elementary evaluation of an integral. 140. **IV 3 B, 6 B; C 2 h, H 5 f.**

F. J. W. Whipple. On an integral formula for certain Legendre functions connected with the anchor ring. 141-142. **IV 6 B; D 6 f.**

M. H. A. Newman. On the products of C_h C_k and $C_h \times C_k$ in topology. 143-147. **V 2; Q 3.**

T. G. Room. The Schur quadrics of a cubic surface. I, II. 147-154, 154-160. **V 5 E; M^3 d.**

The Mathematical Gazette. 16, 217.

J. R. Wilton, J. T. Combridge, E. G. Phillips, T. A. A. B. The teaching of differentials I-IV. 5-10. **IV 3 A; V 1 a λ.**

J. C. Burnett. To border a square of the 5th order-consecutive numbers. 11-13. **III 2; X 10 a.**

I. J. Wishart, A. C. Aitken, G. J. Lidstone. Interpolation without printed differences-Jordan's and Aitken's formulae. I-III. 14-25. **IV 17; X 2.**

W. J. Dobbs. The correlation of elementary trigonometry and geometry in elementary school mathematics. 26-38. **I 3; V 1 a ζ-ι.**

N. M. Gibbins, B. Naylor, H. Peat, A. W. Siddons, A. J. Ward, W. L. G. Williams. Mathematical notes (1016-1021). 39-45. **I 3, III 6, IV 2, 17, V 3; D 2, I 25 a, K^1 6, V 1 a ζ, ι, $\varkappa$.**

A. Lodge. Correspondence. Two points in the teaching of elementary geometry. 64. **I 3; V 1 a.**

The Quarterly Journal of Mathematics. Oxford Series. 3, 10.

G. N. Watson. Some singular moduli. I. 81-98. **IV 6 D; F 7.**

A. E. Jolliffe. The rationality of a certain algebraic integral. 99-101. **IV 3 B; C 2 a.**

G. H. Hardy. On Hilbert transforms. 102-112. **IV 3 C, D; C 2 m, D 1 b α.**

C. H. Thompson. A new method of finding the potentials of uniform solid ellipsoids and elliptic cylinders. 113-119. **IV 13; H 10 d α.**

U. S. Haslam-Jones. Derivate planes and tangent planes of a measurable function. 120-132. **IV 8 C; J 5 c.**

E. C. Titchmarsh. On van der Corput's method and the zeta-function of Riemann. III. 133-141. **IV 4; D 6 l β.**

J. Hodgkinson. A class of triangle-functions. I. 142-151. **IV 6 F; G 6 a.**

C. J. A. Evelyn, E. H. Linfoot. On a problem in the additive theory of numbers. 152-160. **III 8; I 10.**

Archeion. Archivio di Storia della Scienza. 14, 1.

Una lettera inedita di Evangelista Torricelli. Supplemento al Carteggio di E. Torricelli. Con introduzione del *G. Loria.* 12-14. **I 1; V 7.**

A. N. Meldrum. Lavoisier's three notes on combustion: 1772. 15-30. **I 1; V 8.**

H. Metzger. Introduction à l'étude du rôle de Lavoisier dans l'histoire de la chimie. 31-50. **I 1; V 8.**

A. Mieli. Le rôle de Lavoisier dans l'histoire des sciences. 51-56. **I 1; V 8.**

Th. Greenwood. Albert the Great. His scientific views. 69-73. **I 1; V 5 b.**

L'Enseignement de l'histoire des sciences. 88-110. **I 3; V 1 a.**

K. Vogel. Heinrich Wieleitner (1874-1931). 112-115. **I 1; V 10 a.**

Atti della Reale Accademia Nazionale dei Lincei. Rendiconti. Classe di Scienze fisiche, matematiche e naturali. (6) 15, 3-6.

U. Cisotti. Moto con scia di un profilo flessibile. I. 165-173. **VI 4 B, A; S 2 e α, R 1 g.**

G. Giorgi. Nuove idee sulla teoria di relatività. 177-180. **VII 2; T 1 a.**

T. Boggio. Alcune formule vettoriali negli spazi curvi a tre dimensioni. 189-194. **V 6 C; Q 1 a β, O[1].**

G. Sansone. Ancora sugli zeri delle soluzioni polinomiali dell' equazioni $(a_1x + a_0)y'' + (b_1x + b_0)y' - nb_1y = 0$. II. 194-197. **IV 9; H 5 g.**

C. Miranda. Sulla sommazione col metodo di Poisson delle serie di Hermite. 197-203. **IV 6 A; D 2 b δ.**

L. Campedelli. Sui piani doppi con curva di diramazione dell' ottavo ordine. 203-208. **V 5 E; M[2] 1 b.**

N. Sakellariou. Sur le calcul des variations. 209-214. **IV 15; J 3 a.**

G. Andruetto. Le formule di Saint-Venant per gli spazi curvi a tre dimensioni. 214-218. **V 6 C; Q 1 a β, O[2].**

G. Krall. Intorno agli effetti asintotici delle maree sul moto dei corpi celesti. I, II. I: Generalità e problema dei 2 corpi. II: Problema dei 3 corpi. 219-225, 371-376. **VIII 2 B; U 9 a.**

R. Serini. Il fenomeno Doppler per le corde vibranti. 226-229. **VI 4 A; T 2.**

U. Cisotti. Moto con scia di un profilo flessibile; azioni dinamiche. II. 253-257. **VI 4 B, A; S 2 e α, R 1 g.**

G. Andreoli. Coppie reciproche di V_2: legge di dualità delle metriche lineari e tangenziali, dei parallelismi e metrismi. I, II. I: Problemi variazionali. II: Formazione e proprietà della coppia di varietà reciproche. 272-275, 340-344. **V 6 B, IV 15; O[1] 5 l, J 3.**

P. Du Val. Superficie di genere uno che non sono base per un sistema di quadriche. 276-279. **V 5 A; P[1] 4.**

L. Pelosi. Sul parallelismo di Levi-Civita. 280-284. **V 6 C; O[2].**

P. Du Val. Osservazioni sulle superficie de genere uno che non sono base per un sistema di quadriche. 345-347. **V 5 A; P^1 4.**

M. Kourensky. Sur l'intégration des équations aux dérivées partielles du 2nd ordre avec 2 fonctions de 2 variables indépendantes. 348-353. **IV 12; H 9.**

L. Sona. Superficie ortobariche di un corpo. 353-357. **V 6 B; O^1, N^2.**

L. Campedelli. Sui piani doppi con curva di diramazione del decimo ordine. 358-362. **V 5 E; M^2 1 b.**

M. Crenna. Sulle congruenze di Ribaucour deformabili. II. 362-365. **V 6 B; N^2 2.**

G. Supino. Sul problema di Clebsch. 366-371. **VI 4 A; T 2 a.**

N. Moisseiev. Intorno alla legge di resistenza al moto dei corpi in un mezzo pulviscolare. II, III. II: Casi particolari notevoli. III: Caso generale di una agitazione incoerente. 377-381, 443-447. **VIII 2 C; U 11.**

T. Levi-Civita. Teoremi di unicità e di esistenza per le piccole oscillazioni di un filetto vorticoso prossimo alla forma circolare. 409-416. **VI 4 B; S 2.**

L. Tonelli. Un teorema di calcolo delle variazioni. 417-423. **IV 15; J 3 a.**

S. Cherubino. Su di una proprietà delle curve intuitive sghembe. 424-428. **V 6 B; O^1 3.**

J. Mirguet. Quelques nouvelles notions infinitesimales directes. 429-431. **II; J 5 b.**

G. Lampariello. Sull' instabilità dei vortici elicoidali. 432-436. **VI 4 B; S 2.**

G. D. Mattioli. Sulla riduzione di rango dei sistemi canonici mediante integrali generici. 437-443. **IV 12; H 8 a α.**

G. Supino. Sopra la deformazione delle lastre. 448-453. **VI 4 A; T 2 a.**

M. Lombardini. Sul calcolo della circuitazione nei moti dell' atmosfera. 459-462. **VIII 1; U 7.**

P. Straneo. Nuova teoria unitaria della gravitazione e dell' elettricità a geometrizzazione assoluta. 462-470. **VII 2; T 1 a.**

Reale Istituto Lombardo di Scienze e Lettere. Rendiconti.
(2) 65, 1-5.

G. A. Maggi. Cosmo newtoniano e nuovi cosmi. 44-63. **I 2; V 1 f.**

M. Caretti. Sulla distanza media dei pianeti dal Sole. 90-92. **VIII 2 B; $\overline{U}$ 9 b.**

G. Fano. Osservazioni sopra un nota del prof. H. F. Baker. 93-96. **V 5 F; M^2 6 b.**

A. Tosini. Sulla velocità del suono nei liquidi contenuti in tubi elastici. 97-118. **VI 4 A; T 2 c.**

M. Brelot. Etude à la frontière de la solution du problème de Dirichlet généralisé relatif à l'équation $\Delta u = cu + f$; $c(M) \geqq 0$; $|f(M)|$ borné. 119-128. **IV 13; $\overline{D}$ 4 c.**

M. Villa. Sulle singolarità della forma Hessiana. 129-142. **V 5 F; M^4 1.**

N. Spampinato. Sulla nozione di prodotto di ordine r nel calcolo dei sistemi multipli. 143-144. **IV 7, V 7, III 2; B 12 c β, 1 a.**

P. Cattaneo. Sulla superficie luogo dei punti che distano da un' altra con una data legge. 173-176. **V 6 B; O^1 5.**

T. Turri. Composizione ed ordine del gruppo delle omografie che trasformano in sè una correlazione non degenere. 177-199. **V 5 A; P^2 1, 2.**

G. Gallina. Postilla al metodo di Scheeffer per la determinazione dei massimi e minimi delle funzioni di due variabili. 200-206. **IV 3 A; C 1 f.**

A. Foà. Determinazione di una funzione armonica $u(\varrho, \theta)$ [ϱ, θ coordinate polari] in una corona circolare, quando sul contorno della corona siano date due combinazioni lineari a coeffizienti costanti [$f_1(\theta), f_2(\theta)$] della funzione u e delle sue derivate rispetto a ϱ e a θ. 223-236. **IV 13; $\overline{D}$ 4 c α.**

Rendiconti del Circolo Matematico di Palermo. 56, 1.

E. Bortolotti. Sulle connessioni proiettive. 1-57. **V 6 C; O^2.**

F. Sbrana. Sull' equazione caratteristica dei problemi di propagazioni in una dimensione. 58-64. **IV 14; $\overline{D}$ 4 c.**

N. Kritikos. Sur la méthode des parties proportionnelles pour le calcul approché des zéros d'une fonction. 65-68. **IV 17; X 4 b.**

E. Kähler. Sui periodi degli integrali multipli sopra una varietà algebrica. 69-74. **IV 6 C; G 2.**

F. Severi. Osservazioni a proposito della nota di Erich Kähler: „Sui periodi degli integrali multipli sopra una varietà algebrica". 75-81. **IV 6 C; G 2.**

V. Romanovsky. Sur la loi sinusoïdale limite. 82-111. **IV 16; J 2.**

A. Terracini. Sulla riducibilità di alcune particolari corrispondenze algebriche. 112-143. **V 5 F; M^5.**

M. Cipolla. Sulle matrici espressioni analitiche di un' altra. 144-154. **III 2, IV 4; B 1 a, 12 h.**

M. Ales. Alcune osservazioni intorno alle curve e superficie algebriche con fuochi razionali. 155-160. **V 5 C, E; M^1 3 g, M^2 2 g.**

Japanese Journal of Mathematics. 8, 4.

T. Shimizu. On the fundamental domains and the groups for meromorphic functions. 237-307. **IV 4; $\overline{D}$ 3 l.**

H. Terasaka. On the division of Riemann surfaces into sheets. 309-326. **IV 4; $\overline{D}$ 3 e.**

Journal of Science of the Hiroshima University A. 2, 1-2.

S. Mori. Über Produktzerlegung der Ideale. 1-19. **III 7; I 22 d.**

S. Mori. Minimale Primärideale eines Ideals. 21-32. **III 7; I 22 d.**

F. Maeda. On the definition and the approximate continuity of the general derivative. 33-53. **IV 3 C; C 2 m.**

S. Miyamoto. A theory of the rate of solution of gas into liquid. 73-84. **VII 1, IV 16; S 4 b, J 2 e.**

S. Mori. Über Teilerfremdheit von Idealen. 103-116. **III 7; I 22 d.**

K. Toda. An application of certain geometrical transformation, especially on poristic theorems. 117-126. **V 5 B; L^1 17 d.**

T. Iwatsuki, Y. Mimura. On the adiabatic process of the thermodynamical system in which the entropy cannot be defined. 127-138. **VII 1; S 4.**

Acta litterarum ac scientiarum Regiae Universitatis Hungaricae Francisco-Josephinae. Sectio scientiarum mathematicarum. 5, 3-4.

L. Fejér. Über einige Identitäten der Interpolationstheorie und ihre Anwendung zur Bestimmung kleinster Maxima. 145-153. **IV 6 A; A 5 b.**

L. Schuler. Über die notwendigen Bedingungen beim zweidimensionalen Variationsproblem einfachster Art. 154-167. **IV 15; J 3 c.**

L. Zányi. Zur Theorie der identischen Kongruenzen mit Idealmoduln. II. 168-171. **III 7; I 22 d.**

A. Haar. Über die Gruppencharaktere gewisser unendlicher Gruppen. 172-186. **III 5; J 4.**

S. Saks. On subharmonic functions. 187-193. **IV 13; H 10 dα.**

P. Erdös. Beweis eines Satzes von Tschebyschef. 194-198. **III 6; I 9 b.**

L. La Paz. Variation problems of which the extremals are minimal surfaces. 199-207. **IV 15; J 3 a, c.**

F. Riesz. Sur l'existence de la dérivée des fonctions monotones et sur quelques problèmes qui s'y rattachent. 208-221. **IV 8 C; D 1, J 5 c.**

L. Kalmar. Ein Beitrag zum Entscheidungsproblem. 222-236. **I 2; V 1 b.**

G. Szegö. Zwei Extremalaufgaben über Abbildungen, die durch Polynome vermittelt sind. 237-245. **IV 5; $\overline{\text{D}}$ 4.**

J. Kürschák. Eine Ergänzung zur Abhandlung von Herrn L. La Paz über Variationsprobleme, für welche die Extremalflächen Minimalflächen sind. 246. **IV 15; J 8 a.**

Koninklijke Akademie van Wetenschappen te Amsterdam. Proceedings. 35, 1-2.

J. G. van der Corput. Tafel der primitiven gleichschenkligen Dreiecke mit rationalen Winkelhalbierenden und mit Schenkeln kleiner als 160 000. 51-54. **V 8, III 6; X 2.**

D. E. Rutherford. On the solution of the matrix equation $AX + XB = C$. 54-59. **III 2; B 1 a.**

R. Weitzenböck. Über die Matrixgleichung $AX + XB = C$. 60-61. **III 2; B 1 a.**

J. A. Barrau. Curved n-dimensional varieties containing n systems of straight lines. 61-69. **V 5 F; M^7.**

J. de Vries. Eine Abbildung des Strahlraumes auf die Parabeln einer festen Ebene. 156-157. **V 5 A; P^1 6.**

R. Weitzenböck. Über die Matrixgleichung $X^2 = A$. 157-161. **III 2; B 1 a.**

American Journal of Mathematics. 54, 3.

A. B. Coble. Hyperelliptic functions and irrational binary invariants. I. 425-452. **III 4, IV 6 E; B 4 f, G 8 b, c.**

O. Zariski. On the topology of algebroid singularities. 453-465. **V 2; Q 3.**

O. Zariski. On a theorem of Eddington. 466-470. **III 2, VII 3; B 1 a, T 1 c.**

M. Lehr. Regular linear systems of curves with the singularities of a given curve as base points. 471-488. **V 5 E; M^1 1 f, M^2.**

F. Morley. Second note on the celestial sphere. 489-492. **III 4; B 4, Q 1 d.**

F. Morley, W. K. Morrill. On the common points of two planar cubics and of two planar cyclides. 493-495. **V 5 C; M^1 1 f, 5 l α, 6 b.**

F. Morley, R. C. Yates. The rectangular five-point. 496-498. **V 3; K^1 16 b.**

L. A. Dye, F. R. Sharpe. The quartic space involutorial transformations with a double conic. 499-504. **V 5 A; P^1 4 c.**

W. A. Wilson. A relation between metric and Euclidean spaces. 505-517. **V 2; J 5 d.**

G. T. Whyburn. On the construction of simple arcs. 518-524. **V 2; J 5 d.**

P. M. Swingle. Biconnected and related sets. 525-535. **V 2; J 5 d.**

G. T. Whyburn. A note on spaces having the S property. 536-538. **V 2; J 5 d.**

A. Wintner. Remarks on the recurrent behavior of the characteristics on a torus. 539-542. **IV 9, V 6 B; H 2 a, O^1 5 n.**

E. R. van Kampen. Some remarks on the join of two complexes and on invariant subsets of a complex. 543-550. **V 2; Q 3.**

H. B. Curry. Some additions to the theory of combinators. 551-558. **I 2; V 1 b β.**

J. L. Walsh. On the overconvergence of sequences of rational functions. 559-570. **IV 4; $\overline{\text{D}}$ 3.**

O. J. Farrell. On approximation to a mapping function by polynomials. 571-578. **IV 5; $\overline{\text{D}}$ 4.**

M. H. Martin. On infinite orthogonal matrices. 579-631. **IV 7; B 1 e.**

E. K. Haviland. A note on the convergence of the successive approximations to the solution of an ordinary differential equation. 632-634. **IV 9; H 1 c.**

Annals of Mathematics. (2) 33, 2.

E. T. Bell. On the real multiplication of elliptic functions. 207-213. **IV 6 D; F 4 b.**

E. R. Lorch. Elementary transformations. 214-228. **IV 6 A; $\overline{\text{D}}$ 6 a, b.**

R. L. Anderson. A problem in the simultaneous reduction of two quadratic forms in infinitely many variables. 229-260. **IV 7; B 1 e.**

G. A. Bliss. The problem of Bolza in the calculus of variations. 261-274. **IV 15; J 3 a.**

T. H. Gronwall. An inequality for the Bessel functions of the first kind with imaginary argument. 275-278. **IV 6 B; D 6 e.**

T. H. Gronwall. A special conformally euclidean space of three dimensions occurring in wave mechanics. 279-293. **V 6 C, VII 3; Q 1 c, T 1 c.**

J. v. Neumann. Über adjungierte Funktionaloperatoren. 294-310. **IV 7; J 4 g.**

A. A. Albert. Algebras of degree 2^e and pure Riemann matrices. 311-318. **III 5; B 12.**

G. A. Miller. A few desirable modifications in the literature of group theory. 319-323. **III 5; V 1 a ε.**

M. Ward. The linear form of numbers represented by a homogeneous polynomial in any number of variables. 324-326. **III 6; I 18 c.**

W. L. G. Williams. A proof of a certain congruence. 327-328. **III 6; I 3.**

G. D. Birkhoff. A set of postulates for plane geometry, bared on scale and protractor. 329-345. **V 1; Q 1 a.**

A. Church. A set of postulates for the foundation of logic. 346-366. **I 2; V 1 b.**

C. N. Reynolds. Circuits upon polyhedra. 367-372. **V 2; Q 3.**

A. B. Brown. Group invariants and torsion coefficients. 373-376. **III 5; J 4 d.**

Bulletin of the American Mathematical Society. 38, 5-6.

G. D. Birkhoff. Probability and physical systems. 361-379. **IV 9, VI 3; R 6, 10.**

S. Saks. Note on defining properties of harmonic functions. 380-382. **IV 13; $\overline{\text{D}}$ 4 c α.**

D. H. Lehmer. Note on Mersenne numbers. 383-384. **III 6; I 2 b β.**

R. Oldenburger. On canonical binary trilinear forms. 385-387. **III 4; B 11 c.**

B. A. Bernstein. On proposition *4. 78 of Principia Mathematica. 388-391. **I 2; V 1 b β.**

J. A. Clarkson. A sufficient condition for the existence of a double limit. 391-392. **IV 4; $\overline{\text{D}}$ 5 a.**

G. Ricci. On a generalization of the Wilson-Glaisher theorem. 393-397. **III 6; I 3 b.**

E. L. Dodd. Frequency laws showing stability with reference to the geometric mean and other means. 398-402. **IV 16; J 2.**

W. V. Parker. On the Kummer surface. 403-408. **V 5 E; M^2 9 e.**

P. Henle. The independence of the postulates of logic. 409-414. **I 2; V 1 b β.**

E. B. Stouffer. On the contact of two space curves. 415-419. **V 5 E; M^3 1.**

W. A. Wilson. On rectifiability in metric spaces. 419-426. **V 2; J 5 d.**

C. H. Harry. An examination of some cut sets of space. 427-433. **V 2; J 5 d.**

M. Marden. A generalization of Weierstraß' and Fekete's mean-value theorems. 434-441. **IV 3 B; C 2 h β.**

W. Lawton. On the zeros of certain polynomials related to Jacobi and Laguerre polynomials. 442-448. **IV 6 A; D 6.**

A. A. Albert. A construction of non-cyclic normal division algebras. 449-456. **III 5; B 12.**

Proceedings of the National Academy of Sciences of the United States of America. 18, 5-6.

W. J. Luyten. Notes on stellar statistics. V: On the use of the first Laplacean error curve. 360-365. **IV 16; J 2 e.**

C. N. Moore. On certain criteria for Fourier constants of L integrable functions. 396-399. **IV 3 D; D 1 bα, 2 bβ.**

I. A. Barnett, D. Nathan. Sphere geometry and the conformal group in function space. 400-403. **IV 7; H 11 c, J 4 g.**

J. H. Roberts. Concerning uniordered spaces. 403-406. **V 2; J 5 d.**

J. Karamata. Remarks on a theorem of D. V. Widder. 406-408. **IV 3 B; E 3.**

P. Debye, F. W. Sears. On the scattering of light by supersonic waves. 409-414. **VII 3; T 3 f.**

H. M. Gehman. Concerning sequences of homeomorphisms. 460-465. **V 2; J 5 d.**

E. V. Huntington. An improved equal-frequency map of the normal correlation surface, using circles instead of ellipses. 465-467. **IV 16; J 2 e ε.**

A. W. Tucker. Modular homology characters. 467-471. **V 2; Q 3.**

G. A. Miller. Orders for which a given number of groups exist. 472-475. **III 5; J 4 d.**

E. Kasner. Geometry of the heat equation. I. 475-480. **IV 6 A, 13; O^1 2, $\overline{D}$ 4 c.**

B. Niet-periodieke Publicaties.
Nichtperiodische Veröffentlichungen.

H. Ahlberg. Festigkeitslehre in elementarer Darstellung mit zahlreichen, der Praxis entnommenen Beispielen. 9. Aufl. 153 S. Leipzig, M. Jänecke. **VI 4 A; T 2.**

H. J. Allcock, J. J. Reginald. The nomogram. The theory and practical construction of computation charts. VIII + 209 p. London, I. Pitman & Sons (The Specialists' series). **IV 17; X 3.**

H. S. Allen. Electrons and waves, an introduction to atomic physics. VIII + 336 p. London, Macmillan & Co. **VII 3; T 1 c.**

P. Appell. Traité de mécanique rationnelle. T. IV, 1: Figures d'équilibre d'une masse liquide homogène en rotation. Leçons publiées avec le concours de *A. Véronnet.* 2. éd. VIII + 342 p. Paris, Gauthier-Villars. **VI 4 B; V 1 a μ.**

R. C. Archibald. Outline of the history of mathematics. Selected papers of the Summer School f. Engineer. Teach. 18. 53 p. **I 1; V 2.**

A. Barneck. Die Grundlagen unserer Zeitrechnung. 2. Aufl. 49 S. Leipzig, B. G. Teubner (Mathematisch-Physikalische Bibliothek Bd. 29). **I 1; V 2 b.**

E. Barthel. Einführung in die Polargeometrie. 2. Aufl. der „Polargeometrie". X + 179 S. Leipzig, R. Noske. **V 1; Q 1.**

C. Beaumont. The mysterious comet; or the origin, building up, and destruction of worlds, by means of cometary contacts. 288 p. London, Rider & Co. **VIII 2 C; U 11.**

G. Bessière. Calculs et artifices de relativité. 83 p. Paris, Dunod. **VII 2; T 1 a**

H. J. E. Beth. Newton's „Principia". I, II. 167, 146 blz. Groningen, P. Noordhoff (Historische Bibliothek voor de exacte Wetenschappen Deel IV, V). **I 1; V 8.**

W. G. Borchardt. A first and second course in arithmetic examples. 301 p. London, Rivingtons. **I 3; V 1 a δ.**

A. Boutaric. Les grandes inventions françaises. III + 405 p. Paris, Les Editions de France. **I 1; V 2.**

P. W. Bridgman. Theorie der physikalischen Dimensionen. Deutsche Ausgabe von *H. Holl.* VI + 117 S. Leipzig, B. G. Teubner. **VII 1; T 1.**

P. W. Bridgman. Die Logik der heutigen Physik. Mit einer Einführung von *H. Dingler.* Übersetzt von *W. Krampf.* 186 S. München, M. Hueber. **I 2; V 1 f.**

E. W. Brown. Elements of the theory of resonance. Illustrated by the motion of a pendulum. IV + 60 p. Cambridge, University Press. **VI 3; R 7, 8.**

T. Bruzzone. Il calcolo dei tempi nelle lavorazione meccaniche. 105 p. 19 fig. 7 tav. Milano, U. Hoepli. **VI 8; V 1 a μ.**

D. Clark. Plane and geodetic surveying for engineers. 2. ed. Vol. I: Plane surveying. XII + 482 p. London, Constable. **VIII 1; V 1 a π.**

E. Cohn. Faraday und Maxwell. 26 S. 2 Bilder, 5 Abb. Berlin, VDI-Verlag (Dt. Museum Abh. u. Ber. Jg. 4, H. 1). **I 1; V 9.**

H. H. Dalaker, H. E. Hartig. The calculus. 2. ed. 284 p. New York, McGraw-Hill Book Co. **IV 17; X 4.**

K. K. Darrow, K. Kelchner. Electrical phenomena in gases. Baltimore; Williams and Wilkins Co. London; Baillière, Tindall & Cox. **VII 1; T 7.**

R. Dedekind. Gesammelte mathematische Werke. Bd. III. Herausgegeben von *R. Fricke, E. Noether, O. Ore.* 508 S. Braunschweig, F. Vieweg. **I 1; V 9, 11.**

E. Diesel. Die Neugestaltung der Welt. Die Frage unseres technischen Schicksals. 33 S. Stuttgart, Cottasche Buchhandlung. **I 2; V 1 f.**

E. N. Digweed. Deflection of beams and other problems. 96 p. London, The Draughtsman Publishing Co. **VII 1; T 3.**

E. J. Evans. A revision course in physics. Magnetism and electricity section. IX + 196 p. London, J. M. Dent & Sons (Dent's modern Science Series). **VII 1; V 1 a ν.**

Faraday Society. The adsorption of gases by solids. A general discussion held by the Faraday Society, January 1932. p. 125-448. London, The Faraday Society. **VI 4 B; S 5.**

S. Friedländer. Kant gegen Einstein. 79 S. Berlin, Neuer-Geist-Verlag. **I 2; V 1 f.**

J. D. Gedö. Das Kräfteplanverfahren. Verbesserung des allgemeinen Verfahrens zur Berechnung hochgradig statisch unbestimmter Systeme. VIII + 184 S. mit 18 Figurentafeln. Leipzig, Kröner-Verlag. **VI 2; R 4.**

Goethes naturwissenschaftliches Denken und Wirken. Drei Aufsätze herausgegeben von der Schriftleitung der Zeitschrift „Die Naturwissenschaften". III + 99 S. Berlin, J. Springer. **I 1; V 8, 9.**

Goethe. Seine Beziehungen zu den Disziplinen der Wissenschaft und zum Ausland. Herausgegeben von *K. Kerkhof.* 36 S. 3 Abb. Leipzig, J. A. Barth (Sonderabdruck aus „Forschungen und Fortschritte" Bd. 8, Heft 7-9). **I 1; V 8, 9.**

E. Goldstein. Der Relativitätsgedanke und Relativität und Entwicklung. Die Probleme der Gegenwart. 198 S. Berlin, Dietz. **I 2; V 1 f.**

E. Grimsehl. Lehrbuch der Physik. Bd. II, 1: Elektromagnetisches Feld, Optik. 6. Aufl. von *R. Tomaschek.* 899 S. 1162 Abb. Leipzig, B. G. Teubner. **VII 1; V 1 a ν.**

E. J. Gumbel. Das Zufallsgesetz des Sterbens. 66 S. Leipzig, B. G. Teubner (Ergänzungshefte zum Deutschen Statistischen Zentralblatt, H. 12). **IV 16; J 2 d.**

Hager-Tobler. Das Mikroskop und seine Anwendung. Handbuch der praktischen Mikroskopie und Anleitung zu mikroskopischen Untersuchungen. Nach *Hager,* in Gemeinschaft mit *O. Appel, G. Brandes* und *E. K. Wolff,* neu herausgeg. von *F. Tobler.* 14. Aufl. 368 S. Berlin, J. Springer. **V 8, VII 1; T 3, V 1 a ν.**

M. Haïssinsky. L'atomistique moderne et la chimie. Edition française modifiée et augmentée par l'auteur. Préface de *P. Langevin.* 386 p. 47 fig. Paris, Doin. **VII 8; T 1 c.**

E. Hatschek. La viscosité des liquides. Traduit de l'anglais par *C. Arcay.* XVI + 238 p. 88 fig. Paris, Dunod. **VI 4 B; S 2 f.**

H. Heinicke. Ebene Flugbahnen starrer Körper. 37 S. Berlin, Philos. Diss. **VI 4 B; R 9 d β.**

E. Kamke. Einführung in die Wahrscheinlichkeitslehre. VII + 182 S. Leipzig, S. Hirzel. **IV 16; J 2.**

F. Kann. Der Momentenausgleich durchlaufender Traggebilde im Stahlbau. Eine neue Statik als Grundlage für wirtschaftliches Konstruieren. 81 S. 33 Abb. Berlin, W. de Gruyter & Co. **VI 3; R 4.**

G. W. C. Kaye, T. H. Laby. Tables of physical and chemical constants and some mathematical functions. 7. ed. 163 p. London; Longmans, Green & Co. **IV 17; X 2.**

J. Kopečný. Über die diophantische Gleichung $x^2 + y^2 = z^2$, ihre Lösung ..., deren Zurückführung auf die Fermat-Pellsche Gleichung ... und deren Zusammenhang mit dem letzten Fermatschen Theorem. 16 S. Bratislava, C. F. Wigand. **III 6; I 19 b.**

G. Kowalewski. Grundzüge der Differential- und Integralrechnung. 5. Aufl. vermehrt durch einen Anhang über Abbildungen. IV + 426 S. 29 Abb. **IV 3 A, B; V 1 a λ.**

K. Küpfmüller. Einführung in die theoretische Elektrotechnik. VI + 285 S. Berlin, J. Springer. **VII 1; V 1 a ν.**

E. P. Lane. Projective differential geometry of curves and surfaces. XI + 321 p. Chicago, The University of Chicago Press (The University of Chicago Science Series). **V 6; $O^{1,2}$.**

H. J. Larcombe. Arithmetic cards for the very young. Four sets, each containing 24 cards. London, Evans Bros. **IV 17; X 2.**

E. H. Lewitt. Hydraulics. A textbook covering the syllabuses of the B. Sc. (Eng.), A. M. Inst. C. E. and A. M. I. Mech. E. Examinations in this subject. 4. ed. XII + 372 p. London, I. Pitman & Sons (Pitman's Engineering Science Series). **VI 4 B; V 1 a ν.**

J. B. Macelwane, F. W. Sohon. Introduction to theoretical seismology. II: Seismometry. IX + 149 p. New York, J. Wiley & Sons; London, Chapman & Hall. **VIII 1; U 10.**

S. Mandelbrojt. Les singularités des fonctions analytiques représentées par une série de Taylor. 56 p. Paris, Gauthier-Villars (Mémorial des Sciences mathématiques fasc. 54). **IV 4; $\overline{\text{D}}$ 3 b α.**

H. v. Mangoldt. Einführung in die höhere Mathematik für Studierende und zum Selbststudium. Vollständig neu bearbeitet und erweitert von *K. Knopp.* Bd. II: Differentialrechnung. Unendliche Reihen. Elemente der Differentialgeometrie und der Funktionentheorie. 6. Aufl. XV + 634 S. Leipzig, S. Hirzel. **IV 1; V 1 a λ.**

H. Marcus. Die Theorie elastischer Gewebe und ihre Anwendung auf die Berechnung biegsamer Platten unter besonderer Berücksichtigung der trägerlosen Pilzdecken. I. 2. Aufl. VIII + 368 S. 123 Abb. Berlin, J. Springer. **VI 4 A; T 2.**

Marriman, Mansfield, H. S. Jacoby. A text-book on roofs and bridges. II: Graphic statics. Revised by *E. E. Ebling.* 5. ed. X + 228 p. New York, J. Wiley & Sons; London, Chapman & Hall. **VI 4 A; V 1 a.**

H. McKay. Simplified algebra. III. 64 p. London, Oxford University Press. **III 1; V 1 a ε.**

Mechanik für technische und gewerbliche Lehranstalten sowie zum Selbstunterricht. Bearb. von *P. Menert.* 6. Aufl. neubearb. von *A. Weiske.* 229 S. 239 Abb. Wien, F. Deuticke. **VI 1; V 1 a μ.**

E. Meissner. Graphische Analysis vermittelst des Linienbildes einer Funktion. 60 S. 47 Abb. Zürich, Verlag der „Schweizerischen Bauzeitung". **IV 17; X 4.**

G. L. Molesworth. Weights, measures and decimal tables. 142 p. London, E. & F. N. Spon. **I 3; V 1 a.**

G. Möller. Rechenbuch für höhere Schulen. T. I, Sexta, 128 S. Frankfurt a. M., Diesterweg. **I 3; V 1 a δ.**

R. de Montessus de Ballore. Index generalis 1932. 2350 p. Paris, Editions Spes. **I 1; V 1 a β.**

R. L. Moore. Foundations of point set theory. VIII + 486 p. New York, The American Mathematical Society (American Mathematical Society Colloquium Publications vol. 13). **V 2; J 5 b, d.**

M. Müller. Individualité, causalité, indéterminisme. VIII + 204 p. Paris, F. Alcan (Bibliothèque de Philosophie contemporaine). **I 2; V 1 b.**

G. R. G. Mure. Aristotle. XI + 282 p. London, E. Benn. **I 2; V 1.**

J. J. Nassau. A textbook of practical astronomy, primarily for engineering students. X + 226 p. New York, McGraw-Hill Book Co.; London, McGraw-Hill Publishing Co. (McGraw-Hill Astronomical Series). **I 3; V 1 a ξ.**

E. Naujoks. Strahlungserscheinungen. 158 S. 8 Tafeln. Leipzig, Reclam Verlag. **VII 3; T 3 f.**

Nauka Polska, jej Potrzeby, Organizacja i Rozwój. T. 15. X + 438 p. Warszawa, Imienia Mianowskiego. **I 3; V 1 a.**

W. R. Needham. Graphical methods for treating certain beam problems. 2. revised reprint. 37 p. London, Draughtsman Publishing Co. **IV 17; X 4.**

A. Nessi, L. Nisolle. Appareils pour le calcul mécanique. Calcul graphomécanique. 17 p. 9 fig. Paris, Dunod. **IV 17; X 4.**

J. v. Neumann. Mathematische Grundlagen der Quantenmechanik. 262 S. Berlin, J. Springer (Die Grundlehren der mathematischen Wissenschaften in Einzeldarstellungen Bd. 38). **VII 3, IV 7; T 1 c, J 4 g.**

R. Noguès. Le théorème de Fermat. Son histoire. Paris, Vuibert. **III 6; I 19 b.**

E. P. Oakes. A school co-ordinate geometry. 265 p. London, I. Pitman & Sons. **I 3; V 1 a ι.**

Th. Pavlović. Die Werte der Potenzen und gewisser Reihen. 50 S. Novi Sad, Buchdruckerei „Natošević" S. Djisalorić. **III 6; I 2.**

A. Perieteanu. Traité de mécanique économique. 296 p. Paris, M. Girard. **IV 16; J 2 g.**

H. P. Pettit, P. Luteyns. College algebra. New York, J. Wiley & Sons. **I 3; V 1 a ε.**

M. Planck. Der Kausalbegriff in der Physik. 26 S. Leipzig, J. A. Barth. **I 2; V 1 f.**

O. Podjaski. Trisektion gelöst! 11 S. **V 3; K[1] 21 b.**

Pohl-Schnippenkötter-Weyres. Physik für höhere Lehranstalten, Oberstufe. 326 S. 19 Bildnisse, 450 Abb. Berlin, F. Dümmler. **I 3; V 1 a ν.**

R. Poirier. Essai sur quelques caractères des notions d'espace et de temps. 387 p. Paris, J. Vrin. **I 2; V 1 f.**

A. S. Pratt, E. E. Kitchener. Junior primary tests in arithmetic. 128 p. London, G. Harrap & Co. **I 3; V 1 a δ.**

F. Prunier. Essai d'une physique de l'éther. 76 p. Paris, A. Blanchard. **VII 2; T 1 a.**

W. G. Raffé. Graphic design. Cheap ed. 469 p. London, Chapman & Hall. **IV 17; X 4.**

K. Reidemeister. Einführung in die kombinatorische Topologie. XII + 209 S. Braunschweig, F. Vieweg & Sohn (Die Wissenschaft Bd. 86). **V 2; Q 3.**

J. F. Ritt. Differential equations from the algebraic standpoint. X + 172 p. New York. American Mathematical Society (American Mathematical Society Colloquium Publications vol. 14). **IV 9, 12; H 1, 7.**

F. A. J. Rivett. A new junior arithmetic. 144 p. London, E. Arnold & Co. **I 3; V 1 a δ.**

Rosen, Fehling. Le diagramme It de la combustion. 102 p. 10 planches. Paris, Dunod. **VII 1; S 4.**

B. Russell. Mysticism and logic and other essays. 7th impression. VII + 234 p. London, G. Allen & Unwin. **I 2; V 1 b.**

J. G. Schaller. Beilagen zu „Die Unmöglichkeit der Gleichung $a^n + b^n = c^n$ in rationalen Zahlen bei $n > 2$" (Ausgabe 1927, 1930). I, II. 2, 3 S. Wismar (Meckl.). **III 6; I 19 b.**

N. Schneidermayer. Der Pythagoreische Lehrsatz in seiner rechenoperativen Vereinfachung. Mit einem System zur Erfassung der Grundtripeln. 16 S. Innsbruck, Verf. **V 8; V 1 a ζ.**

Schwab. Lehr- und Übungsbuch für den Unterricht in Arithmetik, Algebra, Analysis und Geometrie für die Oberstufe höherer Lehranstalten. Kurzausgabe von *J. Berger*. 504 S. Leipzig, Freytag (Schwab-Lesser, Mathematisches Unterrichtswerk zum Gebrauche an höheren Lehranstalten). **I 8; V 1 a δ-λ.**

F. B. Seely. Advanced mechanics of materials. XI + 331 p. 242 fig. New York, J. Wiley & Sons; London, Chapman & Hall. **VI 4 A; V 1 a μ.**

Société des Amis de l'Ecole Polytechnique. L'Ecole Polytechnique. Préface par E. Estaunié. Paris, Gauthier-Villars. **I 8; V 1 a γ.**

E. Sparn. Catálogo universal de revistas de ciencias exactas, físico-químicas y naturales. Supplemento III: Revistas aparecidas por primera vez durante los últimos 8 años (1924 a 1931). 76 p. Córdoba. **I 1; V 1 a β.**

R. Stranger. The mathematics of wireless. 193 p. London, G. Newnes. **VII 1; T 7 c.**

J. W. N. Sullivan. How things behave. A child's introduction to physics. 95 p. London, A. & C. Black (The How-and-Why Series, No. 5). **I 8; V 1 a ν.**

L. Tamari. Die Materie, ihr Wesen, ihre Trägheit und ihre Schwere. Eine philosophische-naturwissenschaftliche Abhandlung. Herausgegeben anläßlich des 300. Geburtsjahres Spinozas. 142 S. Berlin, C. Heymann. **I 2; V 1 f.**

F. R. Tennant. Philosophy of the sciences, or the relations between the department of knowledge. IX + 191 p. Cambridge, University Press. **I 2; V 1 b.**

The National Council of Teachers of Mathematics. The seventh yearbook. The teaching of algebra. 179 p. 25 fig. New York, Bureau of Publications, Teachers College, Columbia University. **I 8; V 1 a ε.**

The teaching of arithmetic in schools. A report prepared for the Mathematical Association. 82 p. London, G. Bell & Sons. **I 8; V 1 a δ.**

The yearbook of the universities of the Empire, 1932. Edited by *H. F. Heath.* Published for the Universities Bureau of the British Empire. XIV + 953 p. London, G. Bell & Sons. **I 8; V 1 a.**

F. J. Thorpe. The Faraday books of practical science. I-V. I: General. II: Heat. III: Chemistry of the Home. IV: Magnetism and electricity. V: Light and sound. London, Oxford University Press. **VII 1; V 1 a ν.**

D. Thuener. On the number and reality of the self-symmetric quadrilaterals in-and-circumscribed to the triangular-symmetric rational quartic. 19 p. Washington, The Catholic University of America, Philos. Diss. **V 5 C; M[1] 6.**

L. Toft, A. T. J. Kersey. Theory of machines. A textbook. 2. ed. 418 p. London, I. Pitman & Sons (Engineering Degree Series). **I 8; V 1 a ν.**

F. Trendelenburg. Fortschritte der physikalischen und technischen Akustik. IV + 130 S. 80 Abb. Leipzig, Akademische Verlagsgesellschaft. **VI 4 A, B; T 2 c.**

H. W. Turnbull, A. C. Aitken. An introduction to the theory of canonical matrices. XIV + 192 p. London, Blackie & Son. **III 2; B 1 a.**

A. E. Tweedy. A junior arithmetic. VIII + 120 p. London, J. M. Dent & Sons. **I 8; V 1 a δ.**

G. W. Usill. Practical surveying. 14. ed., revised by *G. R. Hearn.* 391 p. London, C. Lockwood & Son. **VIII 1, V 4; U 10 b.**

W. D. Verschoyle. The soul of an atom; the physical basis of human survival. XII + 108 p. 4 plates. London, The Search Publishing Co. **I 2; V 1 f.**

J. H. van Vleck. The theory of electric and magnetic susceptibilities. XII + 384 p.

Oxford, Clarendon Press; London, Oxford University Press (The international series of monographs on physics). **VII 1; T 6, 7.**

G. Wagner. Praktische Schulmathematik. 137 S. Hannover, Schulze. **I 3; V 1 a.**

A. Whitaker. Physics in sound recording. 24 p. London, Institute of Physics (Physics in Industry, lecture No. 17, given before the Institute of Physics on november 26, 1931). **VII 1; V 1 a ν.**

S. Whitehead. Dielectric phenomena. III: Breakdown of solid dielectrics. Edited, with a preface, by *E. B. Wedmore.* 346 p. London, E. Benn (Published for the British Electrical and Allied industries Research Association, being reference L/T. 42). **VII 1; T 5.**

W. G. Whitman. Household physics. VII + 502 p. 2. ed. revised. New York, J. Wiley & Sons; London, Chapman & Hall (The Wiley Technical Series for Vocational and Industrial Schools). **I 3; V 1 a ν.**

C. Bibliographie.

E. N. D. C. Andrade. The mechanism of nature. 1. ed. London, G. Bell & Sons, 1930. **I 2; V 1 f.**
Scientia **51**, 373.

B. B. Bagi. Plane trigonometry. Dharwar, The Author, 1931. **V 3; K[1] 20.**
Nature **129**, 44.

R. H. Baker. The universe unfolding. The story of man's increasing comprehension of the universe around him. Baltimore, The Williams & Wilkins Co. 1931. **I 2; V 1 f.**
Journal Franklin Institute **213**, 453 . Science (2) **75**, 641.

J. P. Ballantine. The Macmillan table slide rule. New York, The Macmillan Co., 1931. **IV 17; X 2.**
Amer. Math. Monthly **39**, 295-296. Nature **129**, 9.

A. Banfi. Vita di Galileo Galilei. Milano-Roma, Société d'Edition „La Cultura", 1930. **I 1; V 6, 7.**
Scientia **51**, 448-449.

H. Beck. Elementargeometrie. II. Leipzig, Akademische Verlagsgesellschaft, 1930. **V 3; V 1 a.**
Unterrichtsblätter **38**, 224.

E. T. Bell. The queen of the sciences. Baltimore, The Williams & Wilkins Co. 1931. **I 1; V 1 a.**
Amer. Math. Monthly **39**, 296-297. Journal Franklin Institute **213**,, 576-577.

E. T. Bell. Debunking science. University of Washington Chapbooks, 1930. **I 2; V 1 b.**
Amer. Math. Monthly **39**, 168.

L. Bieberbach. Analytische Geometrie. Leipzig, B. G. Teubner, 1930. **V 5 A; V 1 a ι.**
Norsk Mat. Tidsskrift **14**, 33-34.

L. Bieberbach. Projektive Geometrie. Leipzig, B. G. Teubner, 1931. **V 5 A, B, D; V 1 a κ.**
Bulletin A. M. S. **38**, 167. Monatshefte f. Math. **39**, 21-22 kursiv. Norsk Mat. Tidsskrift **14**, 32-33. Z. f. math. Unterricht **63**, 145.

E. Bloch. L'ancienne et la nouvelle théorie des quanta. Paris, Hermann, 1930. **VII 3; T 1 c.**
Monatshefte f. Math. **39**, 31 kursiv.

M. Born, P. Jordan. Vorlesungen über Atommechanik. Bd. II: Elementare Quantenmechanik. Berlin, J. Springer, 1930. **VII 3; T 1 c.**
Monatshefte f. Math. **39**, 30-31 kursiv.

J. Bowden. Elements of the theory of integers. Revised ed. Garden City, N. Y. The Author, 1931. **III 6; I 2.**
Amer. Math. Monthly **39**, 172-173.

W. Bragg. Was ist Materie? Übersetzt von Finkelstein. Leipzig, Akademische Verlagsgesellschaft, 1931. **VII 1, 3; T 1, R 10.**
Naturwissenschaften **20**, 173-174.

L. Brand. Vectorial mechanics. New York, J. Wiley, 1930. **VI 1; V 1 a μ.**
Amer. Math. Monthly **38**, 357-358.

F. E. Brasch. Johann Kepler. Baltimore, The Williams & Wilkins Co., 1931. **I 1; V 7.**
Journal Franklin Institute **213**, 231-232.

P. W. Bridgman. The physics of high pressure. New York, The Macmillan Co., 1931. **VII 1; T 1.**
Journal Franklin Institute **213**, 102-103. Proceedings Phys. Soc. London **44**, 110. Revue générale des Sc. **43**, 124.

L. Brillouin. Die Quantenstatistik und ihre Anwendung auf die Elektronentheorie der Metalle. Übersetzt von *E. Rabinowitsch.* Berlin, J. Springer, 1931. **VII 3; T 1 c.**
Philos. Magazine (7) **13**, 737-738. Physical Review (2) **39**, 852. Zentralblatt **3**, 142.

L. de Broglie. Introduction à l'étude de la mécanique ondulatoire. Paris, Hermann, 1930. **VII 3; T 1 c.**
Bulletin A. M. S. **38**, 166-167.

L. de Broglie. Recueil d'exposés sur les ondes et corpuscules. Paris, Hermann, 1930. **VII 3; T 1 c.**
Bulletin A. M. S. **38**, 166-167.

P. Brunet. Les physiciens hollandais et la méthode expérimentale en France au XVIIIe siècle. Paris, A. Blanchard, 1926. **I 1; V 8.**
Physikal. Z. **33**, 421.

P. Brunet. Maupertuis. Vol. I, II. Paris, A. Blanchard, 1929. **I 1; V 8.**
Physikal. Z. **33**, 421. Scientia **51**, 237-239.

P. Brunet. L'introduction des théories de Newton en France au XVIIIe siècle. Avant 1738. Paris, A. Blanchard, 1931. **I 1; V 8.**
Archeion **14**, 137-138. Bulletin A. M. S. **38**, 161-162. Isis **17**, 433-435. Mind **41**, 259-260. Mitteilungen z. Geschichte **31**, 119. Philos. Magazine (7) **13**, 322-323. Physikal. Z. **33**, 421. Revue de Métaphys. et de Morale $\mathbf{39}_1$, Supplément, 5.

O. Th. Bürklen. Mathematische Formelsammlung. Neubearbeitet von *F. Ringleb.* 2. Aufl. Berlin, W. de Gruyter & Co., 1931. **III 1, IV 1, V 1; V 1 a α.**
Bayer. Blätter Gymnasialschulwesen **68**, 127. Jahresbericht D. M. V. **41**, 53-54 kursiv. Math.-nat. Blätter **26**, 14.

F. Cajori. A history of mathematical notations. I, II. Chicago, The Open Court Publishing Co., 1928, 1929. **I 1; V 2 b.**
Norsk Mat. Tidsskrift **14**, 35-36.

Ch. Camichel. Leçons sur les conduites. Paris, Gauthier-Villars, 1930. **VI 4 B; S 3.**
Bulletin A. M. S. **38**, 13.

G. A. Campbell, R. M. Forster. Fourier integrals for practical applications. New York, Bell Telephone Laboratory, 1931. **IV 3 D, 17; D 1 b.**
Zentralblatt **3**, 6-7.

J. R. Carson. Elektrische Ausgleichsvorgänge und Operatorenrechnung. Erweiterte deutsche Bearbeitung von *F. Ollendorff* und *K. Pohlhausen.* Berlin, J. Springer, 1929. **VII 1, IV 7; T 7, C 5.**
Monatshefte f. Math. **39**, 33-34 kursiv.

E. Cartan. Leçons sur la géométrie projective complexe. Paris, Gauthier-Villars, 1931. **V 5 A; V 1 a κ.**

Bollettino U. M. I. **11**, 97-103. Enseignement **30**, 301-302. Gazeta Mat. **37**, 259-260. Revue Questions scient. (4) **21**, 285-287.

G. Cassinis. Calcoli numerici grafici e meccanici. Pisa, M. Pacini, 1928. **IV 17; X 4.**
Revue générale des Sc. **43**, 185.

O. Chisini. Lezioni di geometria analitica e proiettiva. Bologna, N. Zanichelli., 1931. **V 5 A; V 1 a ι, κ.**
Bollettino U. M. I. **11**, 110-112. Periodico (4) **12**, 125-127.

J. L. Coolidge. A treatise on algebraic plane curves. Oxford, Clarendon Press, 1931. **V 5 C; M^1.**
Bulletin A. M. S. **38**, 163-165. Amer. Math. Monthly **39**, 293-295.

J. I. Corral. Relatividad elíptica. III. Habana, Secretaria de Agricultura, Comercio y Trabajo, 1929. **VII 2; T 1 a.**
Acta Szeged **5**, 247-248.

T. Dantzig. Le nombre, langage de la science. Paris, Payot, 1931. **I 3; V 1.**
Mitteilungen z. Geschichte **31**, 113. Revue Questions scient. (4) **21**, 294-295. Zentralblatt **3**, 97.

K. K. Darrow. Elementare Einführung in die physikalische Statistik, insbesondere in die Theorie des metallischen Zustandes. Übersetzt von *E. Rabinowitsch.* Leipzig, S. Hirzel, 1931. **VII 3; T 1 c, R 10.**
Physikal. Z. **33**, 95. Z. f. math. Unterricht **63**, 201-202. Z. f. phys. u. chem. Unterricht **45**, 134-135.

C. C. Dassen. Sistemas de coordenadas y transformaciones. Buenos Aires, 1930. **V 5 A; P^1.**
Časopis **61**, 203.

P. Debye. Polare Molekeln. Leipzig, S. Hirzel, 1929. **VII 3; T 1 c.**
Physica **12**, 111.

P. Debye. Elektroneninterferenzen. Leipziger Vorträge 1930. Leipzig, S. Hirzel, 1930. **VII 3; T 1 c.**
Naturwissenschaften **20**, 333. Z. f. phys. u. chem. Unterricht **45**, 88-89.

R. Deltheil. Erreurs et moindres carrés. Paris, Gauthier-Villars, 1930. **IV 16; J 2 e.**
Bulletin A. M. S. **38**, 20-21.

H. Dingler. Das System. Das philosophisch rationale Grundproblem und die exakte Methode der Philosophie. München, E. Reinhardt, 1930. **I 2; V 1 f.**
Jahrbuch Görres-Ges. **45**, 110. Monatshefte f. Math. **39**, 3 kursiv. Physikal. Z. **33**, 229.

K. Doehlemann. Geometrische Transformationen. 2. Aufl. Herausgeg. von *W. Olbrich.* Berlin, W. de Gruyter & Co., 1930. **V 5 A; P^1 1-6.**
Acta Szeged **5**, 257-258. Monatshefte f. Math. **39**, 21 kursiv. Z. f. math. Unterricht **63**, 40.

M. J. van Driel. Oneven toovervierkanten zijn geen puzzles. Amsterdam, M. Versluys, 1931. **III 2; X 10.**
Nieuw Archief (2) **17**, II, 183-185.

A. J. Drost. Reeksontwikkelingen van algebraische vormen. Amsterdam, Acad. Proefschrift. Groningen, P. Noordhoff, 1931. **III 4; B 4.**
Nieuw Archief (2) **17**, II, 203.

W. Dubislav. Die Definition. 3. Aufl. Leipzig, F. Meiner, 1931. **I 2; V 1 b.**
Jahrbuch Görres-Ges. **45**, 108. Monatshefte f. Math. **39**, 4-5 kursiv.

J. Dubourdieu. Sur les réseaux de courbes et de surfaces. Leipzig, B. G. Teubner, 1930. **V 6 B; O^1 3, 5.**
Scientia **51**, 171-173.

A. Duschek, W. Mayer. Lehrbuch der Differentialgeometrie. Bd. I, II. Leipzig, B. G. Teubner, 1930. **V 6 A; V 1 a κ.**
Bulletin A. M. S. **38**, 324-326. Jahresbericht D. M. V. **41**, 99-101 kursiv. Math. Gazette **16**, 52-53. Scientia **51**, 369-370.

A. S. Eddington. Das Weltbild der Physik und ein Versuch seiner philosophischen Deutung. Übersetzt von *M. Rausch v. Traubenberg* und *H. Diesselhorst*. Braunschweig, F. Vieweg, 1931. **I 2, VII 1; V 1 f.**
Göttingische gelehrte Anzeigen **194**, 129-142. Monatshefte f. Math. **39**, 32 kursiv. Naturwissenschaften **20**, 172-173. Z. f. techn. Physik **13**, 61. Zeitschrift VDI **76**, 302.

A. S. Eddington. The rotation of the galaxy. Oxford, Clarendon Press, 1930. **VIII 2 C; U 11.**
Scientia **51**, 111-112.

A. Efsen. Die Methode der primären Momente zur Berechnung ebener, statisch unbestimmter Probleme. Eine analytische Festpunktmethode. København, G. E. C. Gad, 1931. **VI 3; R 4.**
Zentralblatt **2**, 419.

T. Ehrenfest-Afanassjewa. Übungssammlung zur einer geometrischen Propädeuse. Haag, M. Nijhoff, 1931. **I 3; V 1 a ζ.**
Nieuw Archief (2) **17**, II, 195-196.

Ergebnisse der exakten Naturwissenschaften. Herausgeg. von der Schriftleitung der „Naturwissenschaften". Bd. 8-10. Berlin, J. Springer 1929-1931. **VII 1; T 1.**
Monatshefte f. Math. **39**, 27-29 kursiv. Naturwissenschaften **20**, 186-187. Physikal. Z. **33**; 54-56, 141.

Ch. Fabry. Cours de l'Ecole polytechnique. T. I. Paris, Gauthier-Villars. 1932. **VII 1; V 1 a ν.**
Enseignement **30**, 315-316. La Nature **1932**, 182. Revue générale des Sc. **43**, 153. Revue Questions scient. (4) **21**, 140-141.

E. Fick. Aufgabensammlung über Differentialgleichungen. München, R. Oldenbourg, 1930. **IV 9, 12; V 1 a λ.**
Z. f. math. Unterricht **63**, 93-95.

K. Fladt. Elementargeometrie Bd. I 2, 3. Leipzig, B. G. Teubner, 1931. **I 3, V 3, 4, 5 A; V 1 a ϑ, ι, ϰ.**
Monatshefte f. Math. **39**, 23-24 kursiv. Unterrichtsblätter **38**, 223.

A. R. Forsyth. Geometry of four dimensions. I, II. Cambridge, University Press, 1930. **V 1, 6 C; Q 2.**
Revue Questions scient. (4) **21**, 461-465. Math. Gazette **16**, 46-49.

T. Fort. Infinite series. Oxford, University Press, 1930. **IV 2; D 2.**
Bulletin A. M. S. **38**, 170-171.

A. Fraenkel. Georg Cantor. Leipzig, B. G. Teubner, 1930. **I 1; V 9.**
Math. Gazette **16**, 55-56. Revue néoscolastique de Philos. Louvain (2) **34**, 274.

R. Fueter. Das mathematische Werkzeug des Chemikers, Biologen, Statistikers und Soziologen. 2. Aufl. Zürich, O. Füßli, 1930. **I 3; V 1 a.**
Bulletin A. M. S. **38**, 330.

P. Fulco. Quozienti e resti nella divisione di frazioni. Congruenze a modulo frazionario. IV. Civitavecchia, 1929. **III 6; I 3.**
Bulletin A. M. S. **38**, 17.

G. Gamow. Constitution of atomic nuclei and radioactivity. Oxford, Clarendon Press, 1931. **VII 3; T 1 c.**
Physical Review (2) **39**, 173. Physikal. Z. **33**, 144. Proceedings Phys. Soc. London **44**, 106.

G. Gamow. Der Bau des Atomkerns und die Radioaktivität. Übersetzt von C. u. F. Houtermans. Leipzig, S. Hirzel, 1932. **VII 3; T 1 c.**
Himmelswelt **42**, 35-36. La Nature **1932**, 232. Monatshefte f. Math. **39**, 36-37 kursiv. Physikal. Z. **33**, 144. Revue générale des Sc. **43**, 154-155. Revue Questions scient. (4) **21**, 297-298. Z. f. techn. Physik **13**, 157. Zentralblatt **3**, 138.

R. Garnier. Cours de mathématiques générales. T. I, II. Paris, Gauthier-Villars, 1930, 1931. **IV 3 A, B, V 5 A; V 1 a λ, ι.**
Bulletin Sc. math. (2) **56**, 36-39.

P. Gast. Vorlesungen über Photogrammetrie. Leipzig, J. A. Barth, 1930. **V 4; K[1] 23.**
Z. f. Instrumentenkunde **52**, 51-52.

G. v. Gleich. Einsteins Relativitätstheorien und physikalische Wirklichkeit. Leipzig, J. A. Barth, 1930. **VII 2; T 1 a.**
Physikal. Z. **33**, 229-230.

W. C. Graustein. Introduction to higher geometry. New York, The Macmillan Co., 1930. **V 5 A; V 1 a ι, κ.**
Amer. Math. Monthly **39**, 235-237.

A. Haarbleicher. De l'emploi des droites isotropes comme axes de coordonnées. Nouvelle géométrie du triangle. Paris, Gauthier-Villars, 1931. **V 3, 5 A; K¹ 1-3, 6.**
Gazeta Mat. **37**, 176-177. Mathesis **46**, 42. Revue générale des Sc. **43**, 90. Revue Questions scient. (4) **21**, 287-288. Zentralblatt **3**, 127.

J. Hadamard. Cours d'analyse. T. II. Paris, Hermann, 1930. **IV 1; V 1 a λ.**
Bulletin Sc. math. (2) **56**, 67-72.

I. B. Hart. Makers of science. Mathematics, physics, astronomy. With an introduction by Ch. Singer. London, Oxford University Press, 1923. **I 1; V 2 a.**
Archeion **14**, 141-142.

H. Hasse. Bericht über neuere Untersuchungen und Probleme aus der Theorie der algebraischen Zahlkörper. I, II. Leipzig, B. G. Teubner, 1930. **III 5, 7; B 12, I 22.**
Acta Szeged **5**, 254-255. Amer. Math. Monthly **39**, 296. Monatshefte f. Math. **39**, 10-11 kursiv.

W. Heisenberg. Die physikalischen Prinzipien der Quantentheorie. Leipzig, S. Hirzel, 1930. **VII 3; T 7, R 10.**
Monatshefte f. Math. **39**, 30 kursiv. Scientia **51**, 370-372. Z. f. phys. u. chem. Unterricht **45**, 89.

M. Herzberger. Strahlenoptik. Berlin, J. Springer, 1931. **V 8; T 3 a, O¹ 7 b.**
Physikal. Z. **33**, 309.

R. Hermann, Th. Burbach. Strömungswiderstand und Wärmeübergang in Rohren. Leipzig, Akademische Verlagsgesellschaft, 1930. **VI 4 B; S 2-4.**
Physikal. Z. **33**, 143.

C. Huygens. Œuvres complètes. T. 16. Haag, M. Nijhoff, 1929. **I 1; V 11, 7.**
Scientia **51**, 449-450.

D. Jackson. The theory of approximation. New York, Amer. Math. Soc., 1930. **IV 3 D; D 1 b α.**
Monatshefte f. Math. **39**, 15-16 kursiv. Z. f. math. Unterricht **63**, 145.

G. Jäger. Theoretische Physik. Bd. I-IV, 6. Aufl. Bd. V, 4. Aufl. Berlin, W. de Gruyter & Co. **VII 1; V 1 a ν.**
Jahresbericht D. M. V. **41**, 60-61 kursiv.

W. Jahr, P. Knechtel. Grundzüge der Getriebelehre. Bd. I: Allgemeine Grundlagen, Schraubentriebe, Kurbeltriebe. Leipzig, M. Jänecke, 1930. **VI 3, 4 A; R 9 d.**
Monatshefte f. Math. **39**, 26 kursiv.

J. Jeans. The mysterious universe. Cambridge, University Press, 1931. **VIII 2 C; U 11.**
Nature **130**, 8. Philos. Magazine (7) **13**, 200. Physica **12**, 63-64. Proceedings Phys. Soc. London **44**, 104.

J. Jeans. Le mystérieux univers. Traduit par *M. Billandel* et *J. Rossignol.* Paris, Hermann, 1931. **VIII 2 C; U 11.**
Anales Soc. cient. Argentina **113**, 93-94. Physica **12**, 64. Revista Mat. hisp.-amer. (2) **7**, 42. Revue Questions scient. (4) **21**, 142.

J. Jeans. L'univers. Traduit par *G. Cros.* Paris, Payot, 1931. **VIII 2 C; U 11.**
Scientia **51**, 110-111.

H. Jeffreys. Cartesian tensors. Cambridge, University Press, 1932. **V 6 C, 7; O², B 12 g δ.**
Enseignement **30**, 308-309. Philos. Magazine (7) **13**, 1211-1212. Revue Questions scient. (4) **21**, 295-296.

H. Jeffreys. Operational methods in mathematical physics. Cambridge, University Press, 1931. **IV 7; C 5, H 11.**
Philos. Magazine (7) **13**, 200. Revue Questions scient. (4) **21**, 296.

H. Jeffreys. Scientific inference. Cambridge, University Press, 1931. **I 2; V 1 b.**
Math. Gazette **16**, 58. Philos. Magazine (7) **13**, 1211. Revue de Philosophie (2) **3**, 96-97.

G. Julia. Eléments de géométrie infinitésimale. Paris, Gauthier-Villars, 1927. **IV 6 A; V 1 a ϰ.**
Bulletin A. M. S. **38**, 324-326.

G. R. Kaye. The Bakshali manuscript. A study in mediaeval mathematics. Calcutta, Government of India Central Publication Branch, 1927. **I 1; V 4 a.**
Bulletin Sc. math. (2) **56**, 65-67.

Johann Kepler. A tercentenary commemoration of his life and work. Baltimore, The Williams & Wilkins Co., 1931. **I 1; V 7.**
Isis **18**, 197-200. Mitteilungen z. Geschichte **31**, 107. Physical Review (2) **39**, 387-388.

K. Knopp. Funktionentheorie. Bd. I, II. 4. Aufl. Berlin, W. de Gruyter & Co., 1930, 1931. **IV 4; D̄ 3.**
Bulletin A. M. S. **38**, 167. Monatshefte f. Math. **39**, 13 kursiv.

K. W. F. Kohlrausch. Der Smekal-Raman Effekt. Berlin, J. Springer, 1931. **VII 3; T 1 c.**
Amer. Journ. of Sc. (5) **23**, 181. Monatshefte f. Math. **39**, 37 kursiv. Physical Review (2) **39**, 541. Physikal. Z. **33**, 309. Proceedings Phys. Soc. London **44**, 106-106.

V. Kommerell, K. Kommerell. Theorie der Raumkurven und krummen Flächen. I, II. 4. Aufl. Berlin, W. de Gruyter & Co., 1931. **V 6 A; V 1 a ϰ.**
Bulletin A. M. S. **38**, 334. Unterrichtsblätter **38**, 93. Zentralblatt **3**, 218.

G. Kowalewski. Alte und neue mathematische Spiele. Leipzig, B. G. Teubner, 1930. **III 1; X 10.**
Monatshefte f. Math. **39**, 39 kursiv.

G. Kowalewski. Integralgleichungen. Berlin, W. de Gruyter & Co., 1930. **IV 7; H 11 c α.**
Monatshefte f. Math. **39**, 14-15 kursiv.

L. Kronecker. Werke. Herausgeg. von *K. Hensel.* Bd. III, 2. Leipzig, B. G. Teubner, 1931. **I 1; V 9, 11.**
Bulletin A. M. S. **38**, 171. Monatshefte f. Math. **39**, 8 kursiv.

H. Lamb. Lehrbuch der Hydrodynamik. Autorisierte deutsche Ausgabe, 2. Aufl. (nach der 5. englischen Aufl.), besorgt von *E. Helly.* Mit Geleitwort und Zusätzen von *R. v. Mises.* Leipzig, B. G. Teubner, 1931. **VI 4 B; S 2, V 1 a μ.**
Monatshefte f. Math. **39**, 25-26 kursiv. Physikal. Z. **33**, 183. Z. f. techn. Physik **13**, 62.

A. Landé. Vorlesungen über Wellenmechanik. Leipzig, Akademische Verlagsgesellschaft, 1930. **VII 3; T 1 c.**
Z. f. math. Unterricht **63**, 201.

S. Lefschetz. Topology. New York, Amer. Math. Soc., 1930. **V 2; J 5 d, Q 3.**
Mat. Tidsskrift B **1932**, 43-48. Monatshefte f. Math. **39**, 17-19 kursiv.

E. Le Roy. La pensée intuitive. II. Paris, Boivin, 1930. **I 2; V 1 b.**
Mind **41**, 106-133. Revue philosophique **57**, 158-159. Rivista di Filosofia **23**, 67-68.

F. Levi. Geometrische Konfigurationen mit einer Einführung in die kombinatorische Flächentopologie. Leipzig, S. Hirzel, 1929. **V 1, 2; Q 3.**
Z. f. math. Unterricht **63**, 39-40.

T. Levi-Civita. Caratteristiche dei sistemi differenziali e propagazione ondosa. Bologna, N. Zanichelli, 1931. **IV 13; H 9.**

Bulletin A. M. S. **38**, 335. Enseignement **30**, 305-306. Revue générale des Sc. **43**, 283.

H. L. Levinson, E. B. Zeisler. The law of gravitation in relativity. 2. ed. Chicago Ill., University of Chicago Press, 1931. **VII 2; T 1 a.**
Philos. Magazine (7) **13**, 531.

P. Lévy. Cours d'analyse. T. I. Paris, Gauthier-Villars, 1930. **IV 1; V 1 a λ.**
Scientia **51**, 368-369.

L. Lichtenstein. Vorlesungen über einige Klassen nichtlinearer Integralgleichungen und Integro-Differentialgleichungen nebst Anwendungen. Berlin, J. Springer 1931. **IV 7; H 11 c β, γ.**
Bollettino U. M. I. **11**, 112-113. Enseignement **30**, 304-305.

W. Lietzmann. Der pythagoräische Lehrsatz. 4. Aufl. Leipzig, B. G. Teubner, 1930. **I 3; V 1 a ζ.**
Math.-nat. Blätter **26**, 14. Monatshefte f. Math. **39**, 25 kursiv.

H. A. Lorentz. Problems of modern physics. Boston, Ginn & Co., 1927. **VII 1; T 1.**
Proceedings Phys. Soc. London **64**, 227-228.

G. Loria. Curve piane speciali algebriche e trascendenti. I, II. Milano, U. Hoepli, 1930. **V 5 C, 6 A; V 1 a, ν, κ.**
Monatshefte f. Math. **39**, 20 kursiv. Časopis **61**, 203.

B. B. Low. Mathematics. A text-book for technical students. New York, Longmans; London, Longmans, Green & Co., 1931. **I 3, IV 1; V 1 a λ.**
Amer. Math. Monthly **39**, 297-298. Nature **129**, 358. Philos. Magazine (7) **13**, 199.

N. Lusin. Leçons sur les ensembles analytiques et leurs applications. Paris, Gauthier-Villars, 1930. **II; J 5.**
Scientia **51**, 239-240.

A. Manes. Versicherungswesen, System der Versicherungswirtschaft. Leipzig, B. G. Teubner, 1931. **IV 16; J 2 d.**
Bulletin A. M. S. **38**, 16.

A. March. Die Grundlagen der Quantenmechanik. 2. Aufl. von Theorie der Strahlung und Materie. Leipzig, J. A. Barth, 1931. **VII 3; T 1 c.**
Physikal. Z. **33**, 53.

L. March. Les principes de la méthode statistique. Paris, F. Alcan, 1930. **IV 16; J 2 d.**
Scientia **51**, 317-318.

L. C. Mathewson. Elementary theory of finite groups. Boston, H. Mifflin, 1930. **III 5; J 4 d.**
Bulletin A. M. S. **38**, 172-173.

A. J. McConnell. Applications of the absolute differential calculus. London, Blackie & Son, 1931. **V 7; B 12 f-i, O².**
Amer. Math. Monthly **39**, 166-167. Enseignement **30**, 306-308. Nature **129**, 223.

L. M. Milne-Thomson. Standard table of square roots. London, G. Bell & Sons, 1929. **IV 17; X 2.**
Jahresbericht D. M. V. **41**, 58-59 kursiv.

L. M. Milne-Thomson. Die elliptischen Funktionen von Jacobi. Berlin, J. Springer, 1931. **IV 6 F; F 2 g.**
Monatshefte f. Math. **39**, 14 kursiv. Nature **129**, 853. Proceedings Phys. Soc. London **44**, 110. Z. f. techn. Physik **13**, 63.

H. Mohrmann. Einführung in die nicht-euklidische Geometrie. Leipzig, Akademische Verlagsgesellschaft, 1930. **V 1; Q 1.**
Monatshefte f. Math. **39**, 20 kursiv. Unterrichtsblätter **38**, 174.

E. Müller. Vorlesungen über darstellende Geometrie. Bd. II: Die Zyklographie. Wien, F. Deuticke, 1929. **V 4; K¹ 22.**
Časopis **61**, 204-207.

F. Nachtikal. Technická fysika. Praha, Nákladem Spolku posluchačů inženýrství chemie, 1931. **VII 1; V 1 a ν.**
Časopis **61**, 209.

L. Neumann. Franz Neumann. Aus den Jugendjahren eines Forschers und Veteranen der Freiheitskriege von 1813-1815. Leipzig, Verf., 1929. **I 1; V 9.**
Mitteilungen z. Geschichte **31**, 202.

J. Nicod. Foundations of geometry and induction. Translated by Ph. P. Wiener. London, K. Paul, Trench, Trubner Co., 1930. **I 2; V 1 f. b.**
Philosophical Review **41**, 320-322.

O. Nikodym. Dydaktika matematyki czystej w zakrese gimnazjum wyższego, I, Liczby naturalne. Lwów, Ksiażnica-Atlas, 1930. **I 3; V 1 a.**
Časopis **61**, D 60.

P. Painlevé, C. Platrier. Cours de mécanique. Paris, Gauthier-Villars, 1929. **VI 1; V 1 a μ.**
Scientia **51**, 450-451.

P. Painlevé. Cours de mécanique professé à l'Ecole Polytechnique. T. I. Paris, Ganthier Villars, 1930. **VI 1; V 1 a μ.**
Časopis **61**, 209-210. Scientia **51**, 369.

P. Painlevé. Leçons sur la résistance des fluides non visqueux. T. I. Paris, Gauthier-Villars, 1930. **VI 4 B; S 2.**
Scientia **51**, 451-452.

E. G. Phillips. A course of analysis. Cambridge, University Press, 1930. **IV 1; V 1 a λ.**
Bulletin A. M. S. **38**, 168-169.

E. Picard. Leçons sur quelques problèmes aux limites de la théorie des équations différentielles. Paris, Gauthier-Villars, 1930. **IV 9; D 4 c.**
Časopis **61**, 199-200.

E. Picard. Leçons sur quelques équations fonctionnelles avec des applications à divers problèmes d'analyse et de physique mathématique. Paris, Gauthier-Villars, 1928. **IV 7; H 11.**
Časopis **61**, 199-200.

E. Picard. Un coup d'œil sur l'histoire des sciences et des théories physiques. Paris, Gauthier-Villars, 1930. **I 1; V 2.**
Mitteilungen z. Geschichte **31**, 200.

M. Planck. Einführung in die theoretische Physik. Bd. V. Leipzig, S. Hirzel, 1930. **VII 1; V 1 a ν.**
Monatshefte f. Math. **39**, 30 kursiv.

M. Planck. The universe in the light of modern physics. New York, Norton, 1931. **VII 1, VIII 2 C; T 1, U 11.**
Bulletin A. M. S. **38**, 173. Philosophy **7**, 108-109. Science (2) **75**, 338-339.

J.-B. Pomey. Cours d'électricité théorique. T. III. Paris, Gauthier-Villars, 1931. **VII 1; T 5-7.**
Journal Franklin Institute **213**, 451-452. La Nature **1932**, 92. Philos. Magazine (7) **13**, 738-739. Revue Questions scient. (4) **21**, 301-302.

V. C. Poor. Electricity and magnetism. The mathematical theory. London, Chapman & Hall; 1931. **VII 1; T 5-7.**
Amer. Math. Monthly **39**, 41-42. Bulletin A. M. S. **38**, 12. Proceedings Phys. Soc. London **44**, 111-112.

E. Rabinowitsch, E. Thilo. Periodisches System. Geschichte und Theorie. Stuttgart, F. Enke, 1930. **I 1, VII 3; V 2 b, T 1 c.**
Archeion **14**, 145-146.

K. Rauh. Praktische Getriebelehre. Bd. I. Berlin, J. Springer, 1931. **VI 4 A; R 1 e-h.**
Feinmechanik u. Präzision **40**, 74. Z. f. angew. Math. **12**, 62-63.

K. Reidemeister. Vorlesungen über Grundlagen der Geometrie. Berlin, J. Springer, 1930. **V 1; Q 1 a.**
Acta Szeged **5**, 250. Göttingische gelehrte Anzeigen **194**, 78-84.

J. Rey Pastor. Teoria geométrica de la polaridad en las figuras de primera y segunda categoría. Madrid, Talleres Voluntad, 1929. **V 5 A; P^1 2, P^2 2.**
Scientia **51**, 175.

H. L. Rietz. Handbuch der mathematischen Statistik. Deutsche Ausgabe herausgeg. von F. Baur. Leipzig, B. G. Teubner, 1930. **IV 16; J 2 e-g.**
Acta Szeged **5**, 254. Nieuw Archief (2) **17**, II, 191. Z. f. angew. Math. **12**, 126.

W. Rogosinski. Fouriersche Reihen. Berlin, W. de Gruyter & Co., 1930. **IV 3 D; D 1 bα.**
Acta Szeged **5**, 249-250. Z. f. angew. Math. **12**, 127.

M. v. Rohr. Zur Geschichte der Zeiß'schen Werkstätte bis zum Tode Ernst Abbes. Mit Beiträgen von M. Fischer und A. Köhler. Jena, Verf., 1930. **I 1; V 10.**
Physikal. Z. **33**, 392.

G. Rosmanith. Mathematische Statistik der Personenversicherung. Leipzig, B. G. Teubner, 1930. **IV 16; J 2 d-g.**
Acta Szeged **5**, 253-254. Math. Gazette **16**, 59. Z. f. math. Unterricht **63**, 42-43.

I. Rubio. Elementos de la teoria de momentos de inercia y calculo de los mismos. Madrid, Nuevas gráficas, 1930. **VI 3; R 2 c.**
Scientia **51**, 451.

V. Sanford. A short history of mathematics. New York, Houghton Mifflin & Co., 1930. **I 1; V 2 a.**
Unterrichtsblätter **38**, 223-224.

J. B. Scarborough. Numerical mathematical analysis. Baltimore, The Johns Hopkins Press, 1930. **IV 17; V 1 a λ.**
Bulletin A. M. S. **38**, 331-332. Math. Gazette **16**, 61-62.

F. Schilling. Projektive und nichteuklidische Geometrien in analytischer Behandlung nebst einem Einblick in die Grundlagen der Geometrie. Bd. I, II. Leipzig, B. G. Teubner, 1931. **V 1, 5 A; K, Q 1 a-c.**
Nieuw Archief (2) **17**, II, 192-195.

H. Schimank. Epochen der Naturforschung, Leonardo, Kepler, Faraday. Berlin, Wegweiser-Verlag, 1930. **I 1; V 2 b.**
Z. f. phys. u. chem. Unterricht **45**, 135.

O. Schreier, E. Sperner. Einführung in die analytische Geometrie und Algebra. Bd. I. Leipzig, B. G. Teubner, 1931. **V 5 A, III 2, 3; K^1 6, K^2 2, B 1, A 3.**
Acta Szeged **5**, 260-261. Math.-nat. Blätter **26**, 86-87.

F. Schuh. Leerboek der theoretische mechanica. D. I, 1. Leiden, A. W. Sijthoff, 1931. **VI 1; V I 1 a μ.**
Nieuw Archief (2) **17**, II, 181-183.

H. Schwerdt. Die Anwendung der Nomographie in der Mathematik. Berlin, J. Springer 1931. **IV 17; X 3.**
Bulletin A. M. S. **38**, 16. Jahresbericht D. M. V. **41**, 58 kursiv. Monatshefte f. Math. **39**, 21 kursiv. Z. f. angew. Math. **12**, 126-127. Z. f. Instrumentenkunde **53**, 149. Z. f. math. Unterricht **63**, 144.

D. E. Smith. A source book in mathematics. New York, McGraw-Hill, 1929. **I 1; V 2.**
Bulletin A. M. S. **38**, 333-334.

V. Snyder, A. B. Coble, A. Emch, S. Lefschetz, F. R. Sharpe, C. H. Sisam. Selected topics in algebraic geometry. Washington, National Research Council of the National Academy of Sciences, 1928. **V 5 A; M^1-M^3, M^5-M^7.**
Bulletin A. M. S. **38**, 9-11.

K. Staehle. Die Zahlenmystik bei Philon von Alexandria. Leipzig, B. G. Teubner, 1931. **I 1; V 3 b.**
Bayer. Blätter Gymnasialschulwesen **68**, 111. Zentralblatt **3**, 98.

G. Stammler. Leibniz. München, E. Reinhardt, 1930. **I 1; V 8.**
Monatshefte f. Math. **39**, 5 kursiv.

J. Stark. Atomstruktur und Atombindung. Berlin, A. Seydel, 1928. **VII 3; T 1 c.**
Scientia **51**, 114-115.

W. Steinberg. Der Erkenntnisbegriff in Physik und Geometrie. München, E. Reinhardt, 1927. **I 2; V 1 d, f.**
Math.-nat. Blätter **26**, 15. Monatshefte f. Math. **39**, 5 kursiv.

E. Steinitz. Algebraische Theorie der Körper. Herausgeg. von *R. Baer* und *H. Hasse.* Berlin, W. de Gruyter & Co., 1930. **III 5; B 12, I 2.**
Acta Szeged **5**, 257. Göttingische gelehrte Anzeigen **194**, 206-207.

K. Stöckl. Kepler-Festschrift. Teil I. Regensburg, H. Schiele, 1930. **I 1; V 7.**
Astrophysical Journal **75**, 275-276. Bayer. Blätter Gymnasialschulwesen **68**, 124-127. Mitteilungen z. Geschichte **31**, 9-11. Naturwissenschaften **20**, 20.

W. W. Struve. Mathematischer Papyrus des staatlichen Museums der schönen Künste in Moskau. Berlin, 1930. **I 1; V 2 c.**
Orient. Lit. Z. **1932**, 391-399.

O. Tietjens. Hydro- und Aerodynamik. Nach Vorlesungen von *L. Prandtl.* Bd. II. Berlin, J. Springer, 1931. **VI 4 B; V 1 a μ.**
Z. f. techn. Physik **13**, 206. Zeitschrift VDI **76**, 327.

R. de Villamil. Newton, the man. London, G. D. Knox, 1931. **I 1; V 7, 8.**
Nature **129**, 300. Proceedings Phys. Soc. London **44**, 103.

H. Villat. Leçons sur l'hydrodynamique. Paris, Gauthier-Villars, 1929. **VI 4 B; V 1a ν.**
Časopis **61**, 210-211.

H. Villat. Mécanique des fluides. Paris, Gauthier-Villars, 1930. **VI 4 B; S 2, 3.**
Časopis **61**, 210-211.

H. Villat. Leçons sur la théorie des tourbillons. Paris, Gauthier-Villars, 1930. **VI 4 B; V 1 a ν.**
Časopis **61**, 210-211.

V. Volterra. Theory of functionals and of integral and integro-differential equations. Translated by *M. Long.* London, Blackie & Son, 1930. **IV 7; H 11.**
Bulletin Sc. math. (2) **56**, 137-141. Časopis **61**, 200-203. Math. Gazette **16**., 59-60.

B. L. van der Waerden. Moderne Algebra. Unter Benutzung von Vorlesungen von *E. Artin* und *E. Noether.* Bd. I, II. Berlin, J. Springer, 1930, 1931. **III 5; B 12.**
Acta Szeged **5**, 259-260. Bulletin A. M. S. **38**, 327-329. Monatshefte f. Math. **39**, 11-12 kursiv. Z. f. math. Unterricht **63**, 249-250.

O. Weinberger. Mathematische Volkswirtschaftslehre. Leipzig, B. G. Teubner, 1930. **IV 16; J 2 g.**
Jahresbericht D. M. V. **41**, 101-102 kursiv.

A. Wenzl. Das naturwissenschaftliche Weltbild der Gegenwart. Leipzig, Quelle & Meyer, 1929. **I 2; V 1 f.**
Unterrichtsblätter **38**, 128.

J. Wolff. Fouriersche Reihen mit Aufgaben. Groningen, P. Noordhoff, 1931. **IV 3 D; D 1 b α.**
Amer. Math. Monthly **38**, 358. Enseignement **30**, 310. Monatshefte f. Math. **39**, 13 kursiv.

M. Zacharias. Elementargeometrie der Ebene und des Raumes. Berlin, W. de Gruyter & Co., 1930. **V 8; K^1.**
Monatshefte f. Math. **39**, 19-20 kursiv.

Der zweite Teil, das

Jahrbuch über die Fortschritte der Mathematik

enthält in der bisher im »Jahrbuch« üblichen Form die Referate. Dieser Teil bringt also eingehende Besprechungen sämtlicher periodischer und nichtperiodischer Veröffentlichungen auf dem Gebiete der Mathematik, Mechanik, mathematischen Physik (insbesondere der Relativitätstheorie und Quantentheorie) und Astronomie sowie der Geschichte, der Philosophie und Pädagogik der Mathematik. Ein Band des »Jahrbuchs« umfaßt jeweils die Literatur eines Jahres, und zwar in zwei Halbbänden, deren jeder durchgehend systematisch geordnet ist. Diese Anordnung ermöglicht einen raschen und vollständigen Überblick über die gesamten Publikationen in einem bestimmten Gebiet. Dem Schriftleiter steht ein Stab von etwa 200 Mitarbeitern zur Verfügung, unter denen sich zahlreiche bekannte Gelehrte des In- und Auslandes befinden. Jede Publikation wird, soweit irgend möglich, von einem Fachmann des betreffenden Gebietes bearbeitet. Zusammen mit der sachlichen Anordnung des Stoffes bedingt dieser Umstand die Einzigartigkeit des »Jahrbuchs« in der gesamten mathematischen Literatur der Welt. Dieser Teil erscheint pro Jahrgang in 6—7 Heften von je etwa 10 Bogen Umfang zum Preise von etwa RM. 1.80 pro Bogen.

Bisher sind erschienen:

Band 1—44 (Jahrgänge 1868—1913): Preise auf Anfrage
Band 45 (Jahrgang 1914/15) .... RM. 75.—
Band 46 (Jahrgang 1916/18) .... RM. 92.—
Band 47 (Jahrgang 1919/20) .... RM. 74.—
Band 48 (Jahrgang 1921/22) .... RM. 121.—
Band 49 (Jahrgang 1923) .... RM. 77.—
Band 50 (Jahrgang 1924) .... RM. 78.—
Band 51 (Jahrgang 1925) .... RM. 100.—
Band 53 (Jahrgang 1927) .... RM. 117.—
Band 54 (Jahrgang 1928) .... RM. 135.—
Band 55 erster Halbband (Jahrgang 1929 I) .... RM. 65.—
Band 56 erster Halbband (Jahrg. 1930 I) Heft 1 ... RM. 18.—

In Bearbeitung begriffen sind und werden rasch folgen:
Band 52 (Jahrgang 1926), Band 55 zweiter Halbband (Jahrgang 1929 II), Band 56 Heft 2 uff. (Jahrgang 1930), Band 57 (Jahrgang 1931).

Verlag Walter de Gruyter & Co., Berlin W 10 und Leipzig

www.ingramcontent.com/pod-product-compliance
Lightning Source LLC
LaVergne TN
LVHW091732021026
849161LV00003BB/586